I0478199

Madre.

Una Historia de Superación
Familiar.

Contenido

El Autor

Gerardo Hernández Elizondo

Nací en Tierras Morenas, cantón de Tilarán, provincia de Guanacaste, Costa Rica; es un país muy pequeño ubicado en Centroamérica, el trece de noviembre del año 1961. Soy el menor de nueve hermanos, tres varones y seis mujeres. Me fue muy difícil estudiar por tener que trabajar desde muy temprana edad para ayudar a mi familia, igualmente que el resto de mis hermanos y

hermanas. A pesar de todo ello con gran esfuerzo y con la ayuda de Dios y mi madre logre sacar adelante mis estudios académicos logrando alcanzar el nivel de maestría en administración de empresas.

Me casé muy joven y Dios me regalo tres bellas hijas y dos hijos, los cuales adoro y junto con mi esposa y mis tres nietos son la razón de mi vida.

Hoy en día estoy jubilado y he querido escribir algunas de mis memorias; así fue como nació mi primer libro que lleva como título Madre, en honor a ella, que lo dio todo por nosotros hasta el punto de quedarse sin nada, solo con la satisfacción de un deber cumplido, lo que sí pudo llevarse al cielo.

Agradecimientos

A Dios por darme la vida.

A la memoria de mi madre por inspirarme para escribir este libro.

Al señor Francisco Navarro Lara, por motivarme a hacer realidad el sueño de escribir un libro.

A mi hija Priscilla Hernández Vásquez, por crear las ilustraciones.

A mi familia por apoyarme.

Prólogo

La vida en un pequeño pueblo rural puede ser tan dura como fascinante. Este relato nos transporta a una época y un lugar donde las privaciones eran muchas, pero el amor y la resiliencia siempre encontraban espacio para florecer. Josefina, una madre viuda con nueve hijos, es el corazón de esta historia. Con una fortaleza inquebrantable, guía a su familia a través de las adversidades, enfrentándose a la pobreza, la falta de oportunidades y los caprichos de la naturaleza.

En cada página, descubrimos cómo una familia unida puede superar las dificultades más grandes. A través del trabajo duro, el sacrificio y la esperanza, cada miembro aporta su grano de arena para mantener viva la ilusión de un futuro mejor. Desde las travesuras infantiles hasta las decisiones que cambian el rumbo de sus vidas, este libro no solo narra una historia de superación, sino que también celebra los valores de la familia, el esfuerzo colectivo y el amor por la tierra.

Es una invitación a reflexionar sobre lo que realmente importa y a apreciar las pequeñas victorias que logran sostenernos en los momentos más difíciles. Adéntrese en este conmovedor relato y acompáñelos en su camino, porque en su lucha cotidiana por salir adelante, todos podemos encontrar una parte de nosotros mismos.

Introducción

V ivir en el campo está lleno de contrastes: días que inician antes de que el sol despunte, trabajos agotadores que apenas alcanzan para sobrevivir, pero también una conexión profunda con la tierra y un espíritu comunitario que brinda fortaleza. En esta historia, nos adentramos en el mundo de una madre y sus nueve hijos, quienes enfrentan los desafíos de la vida rural con una mezcla de sacrificio, esperanza y un inquebrantable deseo de superación.

Josefina es mucho más que el pilar de su familia; es un ejemplo de resistencia y amor. Viuda desde joven, su vida está marcada por la lucha diaria para criar a sus hijos en un entorno donde las oportunidades son escasas y las privaciones son parte del día a día. Sin embargo, su espíritu no se rinde. Trabaja de sol a sol, en su pequeña finca, en casas vecinas y en cualquier lugar donde pueda ganar algo para alimentar a su familia. Al mismo tiempo, transmite a sus hijos los valores de la unión, la honestidad y el esfuerzo.

Los niños, con edades y personalidades variadas, se convierten en cómplices de esta ardua misión. Cada uno, desde su capacidad individual, asume responsabilidades en el hogar y en los trabajos de la finca, mostrando que incluso los más pequeños pueden contribuir a la supervivencia y el bienestar colectivo. Sus travesuras, sueños y dificultades forman un mosaico que da vida a este relato.

La llegada de cartas y dinero de las hijas mayores que trabajan en la ciudad abre una puerta a la esperanza, pero también genera dudas y dilemas. ¿Es mejor aferrarse al lugar donde han construido su vida o aceptar el cambio que podría brindarles un futuro más prometedor? Esta disyuntiva, que atraviesa la historia, refleja el profundo arraigo a las tradiciones y al entorno familiar, pero también la valentía de aceptar los desafíos del cambio.

En estas páginas, encontrará una historia llena de humanidad y enseñanzas. A través de los ojos de una familia humilde, verá el reflejo de las luchas cotidianas que millones de personas enfrentan, la importancia de los vínculos familiares y la capacidad del ser humano para adaptarse y salir adelante, incluso en las circunstancias más adversas.

Le invito a acompañar a Josefina y su familia en este viaje, en el que los pequeños logros se celebran como grandes triunfos y donde la superación es el hilo conductor de una vida llena de desafíos y amor.

Capítulo 1.

La Huida, Un Nuevo Comienzo.

Ya había oscurecido cuando todo cambió. Mi madre, con su valentía inquebrantable, no tuvo otra opción que dejar nuestra casa, llevándonos a mí y a mis ocho hermanos por caminos difíciles y desolados. Tenía tres años y medio, el más pequeño de la familia, pero a esa edad ya comenzaba a ser consciente del mundo que me rodeaba. Aún recuerdo cómo mi madre me llevaba en brazos, su protección constante era mi refugio, incluso en medio de aquella travesía tan dura.

Vivíamos en una zona rural, rodeada de montañas majestuosas y caminos pedregosos que se retorcían entre la vegetación. El sendero se hacía cada vez más complicado, pero en mi inocencia, todo me parecía una gran aventura. Los pasos apresurados de mis hermanos mayores se mezclaban con los sonidos de la noche, mientras yo, desde la seguridad del regazo de mi madre, contemplaba el paisaje que se desplegaba ante nosotros.

Aquella noche, nos refugiamos en las montañas. Mientras la brisa fría nos envolvía, comimos frutas de los árboles que encontramos en el camino y bebimos agua de ríos cuya pureza la hacía brillar como cristal bajo la luz de la luna. Mi madre, incansable, me sostenía cerca de ella, asegurándose de que no pasara frío ni miedo. Para mí, a pesar de las dificultades, aquello tenía el sabor de una emocionante aventura.

Al amanecer, el cansancio en nuestros cuerpos se aligeró cuando el sol empezó a iluminar el sendero. Seguimos caminando, con las montañas como guardianes silenciosos de nuestro recorrido. Y entonces, después de horas de travesía, lo vimos: un lago tan inmenso que parecía no tener fin, como si fuera el mar. Sus aguas reflejaban el cielo despejado y se extendían hasta el horizonte, un espectáculo que me dejó sin aliento.

Mi madre, siempre atenta, me sostuvo en sus brazos para que pudiera contemplar mejor aquella maravilla. El brillo del agua, el viento suave sobre mi rostro, todo era tan hermoso que me llenó de una sensación indescriptible. Aunque éramos pobres y el camino era largo, en ese momento, todo parecía posible. Aquella imagen del lago, tan vasto e imponente, se grabó en mi memoria, y su belleza me hizo olvidar, por un instante, las dificultades que habíamos atravesado.

En la mañana mi madre me sostuvo en sus brazos para que pudiera contemplar aquel lago inmenso. La belleza de sus aguas calmas y brillantes me llenó de asombro, y en mi mente de niño, todo aquello se sentía como una aventura mágica. El mundo que me rodeaba era vasto y nuevo, lleno de descubrimientos que encendían mi imaginación, aunque el cansancio y las dificultades fueran invisibles para mí. La travesía continuaba, y yo, desde la seguridad del regazo de mi madre, me sentía como si estuviera viviendo un viaje maravilloso a través de paisajes que nunca había visto.

Después de dejar atrás el lago, nos adentramos nuevamente en los caminos solitarios y montañosos. Los senderos se volvían más empinados y difíciles de recorrer, pero para mí, cada piedra y cada curva del camino escondía algo emocionante. Veía los árboles altos y las rocas como gigantes que vigilaban nuestra marcha, y el sonido del viento entre las hojas me parecía una melodía misteriosa, acompañando nuestro recorrido.

De repente, escuchamos unos aullidos que rompieron la tranquilidad. Mi madre y mis hermanos mayores se detuvieron, y en ese momento, vi aparecer por todos lados unos animales que precian perros, se veían furiosos mostrando sus dientes afilados, mamá de pronto grito, es una manada de coyotes, tengamos cuidado. A pesar del peligro que representaban, no entendí el miedo que invadió a los demás. Para mí, esos animales no eran más que una parte de la aventura. Los observaba con curiosidad desde los brazos protectores de mi madre, mientras ella y mis hermanos recogían palos para defendernos.

Vi a mi madre enfrentarse a ellos con una valentía que me parecía tan natural como respirar. Blandía un palo con fuerza, mientras mis hermanos mayores la seguían, luchando como si fueran héroes de una historia épica. Aun cuando algunos de ellos resultaron heridos, yo solo podía admirar lo increíbles que se veían, como si estuvieran protegiéndonos de monstruos salvajes en algún cuento que aún no entendía del todo.

Los coyotes finalmente se retiraron, pero yo no sentí miedo en ningún momento. Para mí, era solo una prueba más en nuestro viaje, una historia que, algún día, contaría con asombro. Seguimos adelante, y aunque mis hermanos caminaban con el cansancio visible en sus cuerpos, yo me mantenía cerca de mi madre, encantado por todo lo que veía.

Tras horas de caminata bajo el sol, algo apareció en la distancia: una casa pequeña, vieja, hecha de madera y rodeada de montañas. Su vista me llenó de una extraña emoción, como si estuviéramos llegando al final de una aventura larga y maravillosa. Cuando nos acercamos, una anciana nos recibió. Era muy mayor, pero su sonrisa me hizo sentir inmediatamente en casa. A su lado, su esposo, igual de mayor, pero se notaba saludable y fuerte, nos miraba con amabilidad. Todo en ellos me transmitía calma y seguridad.

Nos invitaron a entrar, y aunque la casa era modesta y simple, para mí, era como haber llegado a un castillo después de un largo viaje. La anciana nos ofreció arroz, frijoles y aguacate, y aunque era una comida sencilla, me supo a un banquete. Llevábamos dos días comiendo solo frutas y bebiendo agua de los ríos, y cada bocado de aquella comida me parecía el mejor manjar del mundo. Sentado en esa pequeña mesa de madera, rodeado de mis hermanos, me sentía como si estuviéramos celebrando una gran victoria.

Mientras comíamos, el anciano nos contó que su hijo no estaba porque estudiaba en la ciudad. Nos habló con orgullo, diciendo que solo venía a visitarlos cada tres meses. Mientras lo escuchaba, en mi mente de niño, me imaginaba la vida de ese hijo que iba y venía entre la ciudad y las montañas, como un héroe que recorría el mundo en busca de aventuras. Todo aquello me parecía parte de la historia increíble que estábamos viviendo.

Capítulo 2.

Un Lugar De Refugio En El Camino.

E sa noche, dormimos en la pequeña casa, acurrucados bajo un techo que nos ofrecía refugio después de tantos días de incertidumbre. Mientras cerraba los ojos, pensaba en lo afortunado que era de haber visto tantos lugares hermosos, de haber vivido esa aventura con mi madre y mis hermanos. Para mí, el mundo era un lugar lleno de maravillas, y esa aventura, aunque dura, se había convertido en un recuerdo que jamás olvidaría.

A lo largo del camino, mi madre no solo me protegió, sino que me enseñó a ver el lado hermoso de las cosas. Mientras avanzábamos hacia un pueblo humilde y lejano, sentí que estábamos en una aventura que, aunque difícil, estaba llena de momentos que recordaríamos siempre.

El sol apenas comenzaba a asomarse entre las montañas cuando abrí los ojos. La pequeña y humilde casa en la que habíamos dormido la noche anterior estaba en silencio, pero el aire fresco de la mañana y el canto de las aves anunciaban que un nuevo día había comenzado. Todo se sentía tranquilo, en contraste con los días agitados que habíamos dejado atrás en nuestro recorrido. Todavía medio dormido, sentí el calor de los primeros rayos del sol que se colaban por las ventanas, y una paz me envolvió.

Mis hermanos aún dormían, agotados por la travesía, pero yo, lleno de curiosidad, me levanté y vi a mi madre ya en pie, hablando con los ancianos que nos habían acogido. Doña Juana y Don Melchor, la pareja de viejitos que nos habían ofrecido refugio la noche anterior, se movían por la pequeña cocina con la misma energía y amabilidad con la que nos recibieron. Aunque eran mayores, había algo en ellos que transmitía vitalidad, como si los años no les hubieran quitado ni una pizca de fuerza.

Pronto, un delicioso aroma llenó la casa. Doña Juana nos sorprendió con un desayuno que nunca olvidaré: gallo pinto, un plato que mezclaba arroz y frijoles, acompañado de huevos revueltos que ella misma cocinaba con esmero. Mientras el olor de la comida despertaba a mis hermanos, me acerqué a la cocina y vi a la señora sacar los huevos frescos de una pequeña canasta. "Son de nuestras gallinas", dijo con una sonrisa, señalando hacia el patio.

Miré por la ventana y ahí estaban, unas cuantas gallinas picoteando el suelo, moviéndose de un lado a otro bajo el sol de la mañana. También vi un par de chanchos gordos descansando bajo la sombra de un árbol, tranquilos, como si no tuvieran prisa por nada en el mundo. Para mí, era como estar en una granja encantada.

La vida en esa casa humilde, rodeada de animales y con la calidez de esos ancianos, me parecía perfecta, como si estuviéramos viviendo una historia mágica.

Nos sentamos todos juntos alrededor de la mesa. Mi madre, mis hermanos y yo agradecimos la generosidad de Doña Juana y Don Melchor, que nos trataron como si fuéramos parte de su familia. Mientras comíamos el gallo pinto y los huevos revueltos, el sabor era aún más especial porque sabíamos que todo lo que nos ofrecían provenía de su pequeño huerto y sus animales. Era comida sencilla, pero para mí, después de días de sobrevivir solo con frutas y agua, ese desayuno fue como un festín. Mis hermanos también sonreían, agradecidos, sabiendo que habíamos encontrado un refugio en medio de tantas dificultades.

Don Melchor, con su voz grave pero cálida, se unió a la conversación mientras comíamos. Nos contaba historias de los tiempos en que él era joven, de cómo había construido la casa con sus propias manos, y de la vida tranquila que llevaban en ese rincón perdido entre las montañas. A pesar de que sus palabras parecían hablarnos de una vida sencilla y sin grandes lujos, todo en su relato me sonaba como una gran aventura. Me imaginaba a Don Melchor y Doña Juana viviendo siempre en ese lugar hermoso, cuidando de sus gallinas y cerdos, mientras el resto del mundo parecía lejano y olvidado.

Cuando terminamos el desayuno, mi madre les agradeció una vez más, aunque ninguna palabra parecía suficiente para expresar nuestra gratitud. Ellos, sin embargo, se mostraban humildes, como si lo que habían hecho por nosotros no fuera nada extraordinario. Pero para mí, lo que nos ofrecieron era más que comida y un lugar para dormir; era una muestra de bondad que nunca olvidaría.

Después de ese cálido desayuno en casa de Doña Juana y Don Melchor, era momento de seguir nuestro camino. Nos despedimos de los ancianos con un profundo agradecimiento. Mi madre los abrazó y les dio las gracias con una mirada que decía mucho más de lo que las palabras podían expresar. Ellos, como si ya nos conocieran de toda la vida, nos despidieron con una sonrisa, deseándonos buena suerte en nuestro viaje hacia el pueblo más cercano. Todavía recuerdo a Doña Juana de pie en la puerta, agitando su mano mientras nos alejábamos y a Don Melchor con los brazos cruzados, observándonos con orgullo, como si se sintiera parte de nuestra aventura.

El camino que nos esperaba era tan difícil como el que habíamos recorrido antes. Mis dos hermanos y mis seis hermanas iban descalzos, igual que yo. Desde que tenía memoria, nunca habíamos tenido zapatos. Solo mi mamá y yo llevábamos unos zapatos de cuero de color café, que le habían regalado a mamá unas personas caritativas que pasaron en una ocasión por nuestra casa, aunque los míos no los podía usar porque ya no me quedaban. No me parecía algo extraño o incómodo caminar descalzo. El contacto de mis pies con la tierra y las piedras era parte de la experiencia de nuestra vida, algo que siempre habíamos conocido.

Mientras avanzábamos, la naturaleza nos acompañaba. Los árboles altos formaban un techo sobre nuestras cabezas, y el aire fresco olía a tierra mojada y vegetación. A lo largo del camino, escuchábamos el canto de muchas aves, sus trinos agudos se mezclaban con el sonido de nuestras pisadas en la tierra. Especialmente recuerdo a los pericos, pájaros verdes que volaban en grandes bandadas, llenando el cielo con sus movimientos rápidos y el estruendo de sus alas. Para mí, esos pájaros eran como un espectáculo, una danza en el cielo que me mantenía fascinado.

Más adelante, a lo lejos, vimos manadas de monos saltando de un árbol a otro en lo alto de las copas. Sus movimientos eran alegres y despreocupados, como si también ellos estuvieran disfrutando del día. Cada vez que los veía, me preguntaba cómo sería tener la habilidad de moverse como ellos, brincando de rama en rama, sin miedo a caer. Era fácil perderse en esos pensamientos, dejando que la imaginación llenara los huecos del cansancio que empezaba a instalarse en mis pies.

Cuando el camino lo permitía, mi madre me dejaba caminar a su lado. Me encantaba sentir la libertad de moverme por mí mismo, pero pronto las piedras y las irregularidades del suelo empezaban a dolerme. No llevaba zapatos, y mis pies pequeños no estaban acostumbrados a tanta aspereza. Cuando ya no podía soportar más, mi madre, como siempre, me levantaba en sus brazos. Aunque yo quería seguir caminando como mis hermanos mayores, sus brazos me ofrecían una comodidad que no podía rechazar. Era como si al sostenerme, el mundo se volviera menos duro, más cálido.

A pesar de las dificultades, el viaje me seguía pareciendo fantástico. Había algo en la manera en que el paisaje cambiaba, en los sonidos de la naturaleza y en la compañía de mi madre y mis hermanos, que hacía que todo pareciera una gran aventura. Cada paso, cada tramo del camino, me ofrecía algo nuevo que descubrir. Aunque el terreno era duro y mis pies a veces dolían, el placer de estar en medio de ese mundo lleno de vida me hacía olvidar las incomodidades.

La caminata continuó así, entre tramos difíciles y momentos de maravilla. Aunque sabíamos que aún teníamos mucho camino por delante antes de llegar al pueblo, el viaje en sí mismo era una experiencia que yo nunca dejaría de encontrar hermosa. Todo me parecía lleno de posibilidades, como si cada piedra y cada árbol escondiera una historia esperando a ser contada. Mis hermanos seguían adelante, fuertes y decididos, mientras yo, desde los brazos de mi madre, miraba el mundo a mi alrededor, sabiendo que, aunque el destino era incierto, el viaje era una aventura que llevaría conmigo para siempre.

Después de caminar durante varias horas, el cansancio empezaba a hacerse notar en cada uno de nosotros. El sol, que al principio del día nos había llenado de energía, ahora parecía implacable mientras descendía lentamente en el horizonte, tiñendo el cielo con colores anaranjados y rosados. Estábamos avanzando a paso lento, y cada tanto debíamos detenernos para descansar y recuperar fuerzas antes de continuar con la caminata.

Aunque estábamos en la época de verano, y eso significaba que no teníamos que preocuparnos por la lluvia, el calor era casi insoportable. El aire era denso y pegajoso, y el sudor corría por nuestras frentes, haciéndonos sentir pesados. Cada vez que nos deteníamos a descansar, mis hermanos y yo buscábamos alguna sombra, aunque fuera pequeña, donde refrescarnos, aunque fuera por un momento.

El calor no era nuestra única molestia. Cientos de mosquitos revoloteaban constantemente alrededor de nuestras cabezas, como si nos hubieran seguido desde el inicio del viaje. Los zumbidos eran interminables, y sus picaduras empezaban a dejar marcas en nuestra piel. Mis hermanos mayores se abanicaban con las manos, tratando de ahuyentarlos, pero parecía que los mosquitos no se rendían fácilmente. Yo intentaba taparme el rostro con las manos, pero pronto descubrí que no había manera de escapar de esos pequeños monstruos.

A pesar de las molestias, mi madre no dejaba de caminar con determinación. A veces me ponía en sus brazos para protegerme un poco de los mosquitos y del calor sofocante. Sus zapatos de cuero golpeaban el suelo polvoriento con cada paso firme, y aunque sus pies ya debían de estar doloridos, ella no mostraba signos de debilidad. Sabía que debía mantenerse fuerte para nosotros, y yo, desde sus brazos, sentía su energía inquebrantable.

El avance era lento, pero no nos quedaba más opción que seguir adelante. Cada paso parecía costar más que el anterior, y el calor nos drenaba la energía más rápido de lo que la recuperábamos en nuestras pausas. Sin embargo, no podíamos detenernos demasiado tiempo; la noche se acercaba y necesitábamos encontrar un lugar seguro para pasarla. Mis hermanos y yo mirábamos el camino que aún quedaba por recorrer, preguntándonos cuándo llegaríamos al pueblo, pero la única respuesta era seguir avanzando.

A pesar de todo, mientras miraba el cielo cambiar de color, todavía encontraba algo fascinante en nuestro viaje. A través de mis ojos de niño, el calor, los mosquitos y el cansancio eran parte de una aventura, una que recordaríamos siempre. Las dificultades no eran más que obstáculos en un camino que nos llevaba hacia lo desconocido, y ese sentimiento de descubrimiento, de estar inmersos en algo más grande, seguía llenándome de emoción.

Capítulo 3.

El Pueblo, Un Sitio Para Vivir.

C asi había caído la noche cuando, finalmente, a lo lejos divisamos las primeras casas del pequeño y pobre pueblo hacia el que nos dirigíamos. Mis hermanos, agotados por la larga caminata, levantaron la vista con una mezcla de alivio y curiosidad. Las casas, aunque pocas y dispersas, nos daban la señal de que nuestro destino estaba cerca.

Eran construcciones humildes, hechas de madera vieja y desgastada, probablemente llevaban años enfrentándose a los elementos: el calor abrasador del verano y las lluvias implacables de época lluviosa. Los techos parecían estar inclinados por el peso de los años, y algunas de las paredes mostraban grietas o tablones descoloridos, como si el tiempo hubiera marcado su paso de manera implacable. A pesar de su aspecto humilde, esas casas representaban la promesa de descanso y refugio.

Cada casa parecía estar separada de la siguiente por una gran distancia. En lugar de un pueblo compacto, era como si cada familia hubiera decidido establecerse donde mejor pudiera, creando un paisaje disperso donde la soledad del campo se integraba con las vidas de quienes vivían allí. A medida que nos acercábamos, me fijé en los pequeños detalles: chimeneas que apenas soltaban humo, señal de que alguien ya estaba preparando la cena, y luces tenues que parpadeaban desde las ventanas, pequeñas velas que iluminaban el interior.

Mis pies, que dolían por las piedras del camino, olvidaron un poco su dolor al ver las casas. Sentí una mezcla de cansancio y emoción. Aunque todavía quedaba algo de camino por recorrer hasta llegar a ellas, saber que estábamos tan cerca me llenaba de esperanza. No sabía exactamente qué nos esperaba en ese pequeño pueblo, pero lo que sí sabía es que estábamos un paso más cerca de un lugar donde podríamos descansar.

Finalmente, después de horas de caminata bajo el sol, llegamos al centro del pequeño pueblo. Ante nosotros se extendía un área rectangular que parecía ser la plaza principal. El zacate estaba un poco descuidado, con algunas áreas donde la hierba crecía sin control y otros espacios donde parecía que hacía tiempo no se le daba mantenimiento, pero para mí, aquello no importaba. Aquel espacio abierto se veía inmenso, como un campo de juegos lleno de posibilidades. A lo lejos, vi a unos muchachos corriendo detrás de un balón que parecía de cuero. Jugaban con energía, riendo y gritándose entre ellos mientras el balón rodaba de un lado a otro. Desde los brazos de mi madre, me quedé mirándolos fascinado, como si estuviera observando una escena de algo épico. En mi imaginación, esos muchachos no eran simplemente niños jugando; eran guerreros en una batalla, luchando por un tesoro valioso en un mundo lleno de aventuras.

Mientras caminábamos bordeando la plaza, mis ojos se posaron en una casa pequeña de madera, bonita y bien cuidada, con una cruz en lo alto. De inmediato me recordó la iglesia a la que mamá nos llevaba a misa todos los domingos en nuestro antiguo pueblo. Aquellos días parecían tan lejanos, pero al mismo tiempo, la imagen de esa casita despertó en mí una cálida nostalgia. Pensé en cómo solíamos vivir en nuestra antigua casa, antes de que nos quitaran todo y nos echaran a la calle en medio de la noche. Ver esa iglesia me hizo recordar esos domingos tranquilos, cuando obedecíamos sin dudar a mamá y nos alistábamos para ir a misa.

La misa parecía haber terminado hacía poco, porque algunas personas salían en fila de la iglesia, caminando tranquilamente hacia la calle. Mi madre, con su firmeza habitual, nos ordenó que nos quedáramos un momento a un lado de la iglesia, justo a la orilla de la calle. Dio instrucciones claras a mi hermana mayor: debía cuidar de todos nosotros, los más pequeños, asegurándose de que no nos pasara nada malo. Yo me quedé observando a mi madre mientras ella se acercaba a las personas que salían de la iglesia, hablando con algunas de ellas. Aunque no sabía exactamente lo que estaba haciendo, me sentí seguro, sabiendo que ella siempre encontraba la forma de resolver cualquier situación.

A mi corta edad, no comprendía exactamente lo que estaba sucediendo, pero ahora sé que mi madre trataba de conseguir algún lugar donde pudiéramos alojarnos, algo de comida para alimentarnos, pero, sobre todo, un lugar donde empezar a trabajar de inmediato, en lo que fuera, pues tenía nueve hijos que cuidar y alimentar. Mientras ella hablaba con las personas que salían de la iglesia, observaba todo desde la distancia, sin entender del todo lo que se discutía.

Una señora llamada Rosario fue quien se acercó a mamá. Le comentó que quizá un hombre llamado Don Venancio, que vivía al otro lado de un pequeño riachuelo, podría tener una solución. Al parecer, él tenía una vieja casa abandonada y medio destruida en su finca, y tal vez estuviera dispuesto a alquilarla. Recuerdo que la señora Rosario se veía muy bien vestida, con ropas finas que yo nunca había visto, y que hablaba con un aire de grandeza. Al referirse a nosotros, era como si fuéramos simples forasteros extraños. Sus dos hijos, Rosita y Juancito, que estaban junto a ella, vestían igual de bien que su madre, con un comportamiento que reflejaba la misma altivez.

Rosario también le dijo a mamá que, si necesitaba comida, podía ir al comisariato, como les llamaban a las tiendas de abarrotes en ese tiempo. Mientras ellas hablaban, escuché a alguien más mencionar que estaban en el año sesenta y cinco. En ese momento, no entendí la importancia de saber el año, pero ahora lo recuerdo como una referencia de esos días difíciles.

En cuanto al trabajo, Rosario le comentó a mamá que en ese lugar no había trabajo. Pero le dijo que ella necesitaba a alguien que la ayudara a lavar y planchar la ropa de su marido y sus hijos. Le dio su dirección y le pidió que la visitara al día siguiente. Yo observaba todo en silencio, sin entender del todo lo que estaba en juego, pero confiaba plenamente en mi madre, como siempre. Sabía que, de alguna manera, ella encontraría una forma de sacarnos adelante, como siempre lo hacía.

El resto del centro del pueblo, además del comisariato que ya mencioné, se componía de una pequeña escuela junto a la iglesia, un pequeño centro de salud, que en realidad era una casa vieja, una estación de policía que era otra casa vieja, contaba con un solo policía, y una casa grande y que llamaban "la planta". Ese lugar era el encargado de abastecer de electricidad a las principales casas del pueblo. En realidad, se trataba de una planta eléctrica que, a simple vista, se notaba muy antigua. Producía muy poca electricidad, apenas lo suficiente para mantener el alumbrado de las casas más importantes en el centro del pueblo, como el comisariato, la iglesia, la escuela, la estación de policía y el centro de salud. Este último también era modesto, con solo un doctor que se encargaba de atender a toda la población, que, por lo que se veía, no era muy numerosa.

Después de hablar con la señora Rosario, mi madre nos llevó al comisariado y compró algunos comestibles con el poco dinero que aún le quedaba. Aunque era escaso, mamá sabía cómo hacer rendir lo poco que tenía para que pudiéramos comer todos. Luego, nos dirigimos hacia la casa de Don Venancio, al otro lado del riachuelo, esperando encontrar algún lugar donde finalmente pudiéramos descansar. A pesar del cansancio y la incertidumbre, todo a mi alrededor seguía pareciéndome una aventura, como si estuviéramos en medio de un viaje lleno de descubrimientos.

Capítulo 4.

La Cabaña, Un Nuevo Hogar.

C aminamos durante un buen rato desde el centro del pueblo hasta la casa de Don Venancio. El trayecto, aunque no era muy largo, se sentía pesado después de todo lo que habíamos recorrido. El camino serpenteaba a través de pequeñas colinas, y el riachuelo que mencionó la señora Rosario corría cerca, con su sonido relajante acompañándonos. A medida que nos alejábamos del centro, todo se volvía más tranquilo, casi solitario. Finalmente, a lo lejos, vimos una casa grande y elegante que se levantaba en medio de una amplia finca rodeada de vegetación y cercas de madera. Sabíamos que habíamos llegado.

La casa en la que vivía Don Venancio era impresionante, especialmente comparada con las modestas viviendas que habíamos visto en el pueblo. Era una construcción de dos pisos, completamente de maderas finas que brillaban bajo la luz del atardecer. El estilo era robusto, pero a la vez sofisticado, con un aire de grandeza que imponía respeto. Los jardines que rodeaban la casa estaban muy bien cuidados, con plantas y flores perfectamente alineadas, como si alguien se dedicara diariamente a mantener aquel paraíso en orden.

Un amplio corredor rodeaba la casa, adornado con sillas mecedoras de madera oscura que invitaban al descanso. Desde donde estaba, podía imaginarme a Don Venancio echándose una siesta ahí, al final de la tarde, disfrutando de la tranquilidad de su finca. Era evidente que, a pesar de su carácter recio, él vivía con comodidades que parecían muy lejanas para nosotros.

Cuando nos acercamos, Don Venancio apareció en la entrada, su figura imponente contrastando con el entorno tan cuidado y sereno de la casa. Era un hombre de contextura gruesa, con una presencia intimidante. Llevaba una camisa blanca, lisa y bien planchada, junto con unos pantalones y botas estilo vaquero. Lo que más llamó mi atención fueron las espuelas brillantes que aún llevaba puestas en las botas. Parecía haber llegado hacía poco de un largo viaje a caballo, y el polvo en sus botas lo confirmaba.

—¿Qué necesitan? —preguntó con una voz grave, mirándonos con desconfianza.

Mi madre, sin dejarse intimidar, dio un paso adelante y le explicó nuestra situación. Le pidió, con calma y firmeza, que nos permitiera alojarnos en la vieja casa abandonada que, según la señora Rosario, él tenía en su finca. Don Venancio la escuchaba en silencio, sus ojos examinándonos como si evaluara cada palabra que decía mamá.

Finalmente, con un suspiro profundo, Don Venancio dijo:

—Le puedo alquilar esa vieja choza por veinticinco cinco colones al mes, pero no me gusta para nada esa manada de güilas que usted tiene. No quiero que vayan a molestar a mis animales, robarse las frutas de mi finca, ni a contagiar a mis hijos con alguna enfermedad.

Mi madre se molestó muchísimo por el hecho de que Don Venancio nos creyera unos ladrones. Su rostro se tornó serio, y pude ver que estuvo a punto de dar marcha atrás, pero la necesidad que teníamos de un refugio era más fuerte que su indignación.

—No tengo dinero en este momento —dijo ella, conteniendo su frustración—, porque lo gasté en comida. Pero prometo que haré todo lo posible para que mis hijos no causen molestias.

Don Venancio se quedó callado por un rato, mirando hacia atrás de su finca. A lo lejos, se veían unos corrales con algunas vacas que estaban comiendo, y en los potreros más distantes, se podía divisar mucho ganado pastando. Volvió a mirar a mi madre y le dijo:

—Me pueden pagar con trabajo. Necesito que limpien todos los días los corrales, y sus hijos también tendrán que ayudar. Yo no voy a mantener holgazanes en mi casa. Les pagaré un colon al día por el trabajo, y con eso podrán trabajar para cubrir el alquiler de la choza.

Mi madre asintió, sintiendo que esa era una solución aceptable, aunque el trabajo sería duro. Don Venancio continuó:

—Además, me comprometo a reparar el techo para que no se mojen cuando llueva, y podrán usar unos muebles viejos que tengo en la choza: un par de camas, una mesa y un fogón para cocinar. También hay leña suficiente en el lugar.

Con el acuerdo establecido, nos dirigimos hacia la vieja choza que sería nuestro nuevo hogar, dispuestos a enfrentar los desafíos que vinieran, pero también listos para descubrir todo lo que este nuevo lugar podía ofrecer.

La cabaña estaba un poco alejada de la casa de Don Venancio, en una zona más solitaria y tranquila. Alrededor de ella crecían algunos árboles dispersos, y la parte trasera del terreno se inclinaba hacia un pequeño riachuelo que serpenteaba entre las rocas, su murmullo constante llenando el aire con una sensación de calma. A pesar del bello paisaje que la rodeaba, la cabaña en sí se veía deteriorada, como si el tiempo la hubiera abandonado hacía mucho.

Al acercarnos, la puerta principal se balanceaba sobre sus bisagras, algo deteriorada por los años y la falta de cuidado. Apenas lograba mantenerse en pie. Al entrar, lo primero que notamos fue que el techo tenía varias latas faltantes, algunas ya desintegradas, dejando huecos por donde, seguramente, la lluvia se colaba sin piedad. El piso era de tierra compactada, y las paredes, aunque estaban construidas con tablones gruesos de madera, mostraban cicatrices de humedad y desgaste.

Había dos camas en una esquina, pero una de ellas estaba rota, le faltaba una pata, lo que la hacía inclinarse peligrosamente hacia un lado. Los colchones, si es que se podían llamar así, eran de zacate seco, amontonados de manera irregular. A su lado, una mesa rústica parecía

27

ser lo único que podría servir como comedor, aunque las sillas, la mayoría necesitaban reparaciones urgentes. El mobiliario, escaso y en mal estado, transmitía una sensación de abandono, pero también un desafío: el lugar podía transformarse si lo llenábamos de vida.

Detrás de la cabaña, casi a la intemperie, solo cubierto por un pequeño techo, había un fogón para cocinar. Era un conjunto rudimentario de piedras colocadas sobre una mesa vieja, con un agujero por donde se metía la leña, y otro, más amplio, por donde salían las llamas que calentarían las ollas. No era mucho, pero era funcional, y mi madre ya estaba pensando en cómo hacer que aquello funcionara para preparar algo caliente para todos.

Cerca del fogón, notamos una habitación pequeña hecha de tablas más delgadas, que parecía haber sido utilizada alguna vez como baño. Las rendijas entre las tablas eran irregulares, dejando pasar la luz y el aire, lo que hacía difícil imaginar que alguna vez cumpliera bien su función. No obstante, ahí estaba, otro reto más para nuestra nueva vida.

La cabaña no tenía divisiones internas; era solo una gran habitación con un par de columnas de madera en el centro que servían de soporte. Todo estaba a la vista, no había privacidad, pero nos acostumbraríamos. De alguna manera, ese lugar nos brindaba una sensación de refugio, aunque estuviera en ruinas. Era nuestro primer paso en un nuevo comienzo.

El "baño" quedaba como a cincuenta metros detrás de la cabaña. Era una pequeña casita de madera con dos asientos de madera que tenían un agujero redondo en la parte superior, uno más alto que el otro, posiblemente para adultos y niños. Aquel inodoro rudimentario, a pesar de todo, se integraba perfectamente en el paisaje rústico que ahora sería nuestro hogar.

Mi madre, observando la situación, se quedó en silencio por un momento. Estaba claro que no sería fácil, pero a pesar de todo, algo en su rostro mostraba determinación. Sabía que esto no era el final, sino el comienzo de un esfuerzo para reconstruir lo poco que habíamos perdido.

A pesar de mi corta edad, aquella cabaña, con todas sus carencias y desperfectos, se me antojaba una nueva aventura, un mundo que explorar y llenar de recuerdos. Me imaginaba corriendo por el riachuelo, recogiendo leña, ayudando en lo que pudiera. A mis ojos, todo aquello tenía una belleza especial, una especie de magia que transformaba cada rincón en algo valioso.

Con esa sensación, nos dispusimos a instalarnos en nuestro nuevo hogar, con la esperanza de que, poco a poco, las cosas empezarían a mejorar.

Por suerte, mientras revisábamos los rincones de la cabaña, encontramos algunas cosas que nos serían útiles: unas ollas, un sartén, algunos platos de metal, cucharas y vasos de aluminio y un par de cuchillos. No era mucho, pero al menos teníamos con qué empezar. Mi madre, siempre práctica, comenzó a organizar lo mejor que podía todo lo que teníamos, tratando de darle un orden a nuestro nuevo hogar.

Mientras acomodábamos, oímos de repente unos golpes en la puerta. Nos miramos sorprendidos, no esperábamos a nadie. Mi madre fue a abrir, y en la entrada estaba un joven alto, de tez morena y aspecto atlético. Vestía ropa sencilla, pero se notaba fuerte y saludable.

—Me envió Don Venancio a reparar el techo —dijo, con una voz amable—. ¿Puedo pasar?

Mi madre asintió agradecida, dejando que el joven entrara. Era evidente que él no compartía el mal carácter de Don Venancio, porque desde el primer momento se mostró muy amable con nosotros. Se presentó como Ramón y, sin perder tiempo, comenzó a trabajar.

Mientras arreglaba el techo con habilidad y rapidez, también se ofreció a reparar la puerta principal, que apenas se sostenía, y la cama rota a la que le faltaba una pata. Ramón encontró unos clavos viejos en una esquina y, con unos cuantos golpes bien dados, logró que algunos de los muebles que parecían inútiles empezaran a servir de nuevo. El lugar, aunque modesto, comenzó a parecer más habitable.

Su generosidad no pasó desapercibida. Nos regaló no solo su tiempo, sino también una sensación de alivio en medio de la dureza del día. Ver cómo las cosas empezaban a mejorar, aunque fuera poco a poco, me daba esperanza. Ramón no era solo un trabajador enviado por Don Venancio; con su amabilidad, nos dejó ver que, a pesar de las dificultades, siempre hay personas dispuestas a ayudar.

Terminó su trabajo al final de la tarde, nos miró con una sonrisa y dijo:

—Cualquier cosa que necesiten, estaré por aquí cerca, trabajo todos los días en las fincas de don Venancio.

Se despidió y se marchó, dejando atrás no solo un techo más seguro y muebles reparados, sino también un rayo de esperanza que iluminó nuestra primera noche en aquella cabaña.

Capítulo 5.

Mi Madre, Una Mujer Persistente.

Mi madre era una mujer de carácter inquebrantable, una fuerza de la naturaleza cuando se trataba de sus hijos. En todo lo relacionado con nuestra educación, crianza y defensa, no había quien la superara, nunca aprendió a leer y escribir, pero según ella, eso no le había hecho falta. Si debía convertirse en una fiera para protegernos, lo hacía sin dudar, siempre convencida de que lo hacía por el bien de todos. Y, casi siempre, tenía la razón. Nos educaba con mano firme, enseñándonos sobre Dios y la vida cristiana católica, valores que consideraba innegociables. No importaba lo que pasara, todos los domingos íbamos a misa con ella, todos sin falta.

Si cometíamos alguna falta, no había escapatoria: el castigo era severo y nos alcanzaba a todos por igual. Mamá creía en la disciplina fuerte. Mentir o tomar alguna cosa que no fuera nuestra era uno de los peores crímenes para ella. Su furia, cuando se trataba de esas cosas, era temida por todos nosotros. Pero, a pesar de los castigos y su firmeza, sabíamos que lo hacía por nuestro bien. Por eso, la respetábamos y amábamos profundamente. Era nuestro pilar, aunque a veces nos asustaba su dureza en algunas situaciones referentes a la disciplina y la honestidad.

Pero además de su carácter férreo, mamá tenía un corazón generoso. Siempre estaba dispuesta a ayudar a los demás, sin importar cuánto o qué poco tuviéramos. Recuerdo una tarde en particular, cuando pasaron por la casa unas personas que venían de un largo viaje. Se veían cansadas y hambrientas. Sin pensarlo dos veces, mamá los invitó a pasar y les ofreció toda la comida que ya había preparado para nuestra cena. Recuerdo que mis hermanos y yo, con preocupación, le dijimos:

—Madre, ¿y ahora qué vamos a comer nosotros?

Ella, con una calma inquebrantable, solo respondió:

—No se preocupen, Dios proveerá.

Lo curioso es que, alrededor de las siete de la noche, alguien tocó a nuestra puerta. Era una vecina, doña Carmen, que traía un montón de comida lista para comer. Nos explicó que habían celebrado una fiesta y les había sobrado tanta comida que decidió compartirla con nosotros porque conocía el buen corazón de nuestra madre.

Aquella lección de generosidad y fe fue una de las muchas que aprendimos de ella. Siempre había algo especial en la forma en que mamá enfrentaba la vida. Con determinación, pero también con la certeza de que, cuando obramos bien, de alguna manera todo se acomoda. Y esa noche lo comprobamos una vez más.

Capítulo 6.

Un Corazón En Vilo.

M e había quedado dormido del cansancio sobre uno de los colchones de zacate, en una de las camas que mi madre había tratado de arreglar lo mejor que pudo. Todo parecía tranquilo hasta que una de mis hermanas notó que algo no andaba bien conmigo. Respiraba con gran dificultad, y eso la puso muy nerviosa. Sin perder tiempo, corrió hacia mi madre, muy alterada, para contarle lo que estaba pasando.

Mi madre, al escucharla, se acercó a mí rápidamente y me sacudió suavemente, intentando reanimarme. Pero mi cuerpo no reaccionaba. Apenas podía respirar, y cada bocanada de aire parecía costarme un esfuerzo enorme. El pánico cruzó el rostro de mi madre, aunque trató de mantenerse firme. Me tomó en sus brazos sin pensarlo dos veces y, con la desesperación de una madre que no sabe qué hacer pero que sabe que no puede perder tiempo, salió corriendo hacia el pueblo.

Le pidió a mi hermana mayor que la acompañara para que la ayudara a cargarme. Sabía que el trayecto era largo y que no podría hacerlo sola. El único doctor del pueblo era su única esperanza, aunque no tuviera dinero. En su mente, solo había una idea clara: el doctor debía ayudarme, y ella le pagaría como fuera, cuando pudiera. Pero en ese momento, lo más importante era salvarme.

Ya estaba oscuro cuando salimos de la casa. La noche se cernía sobre nosotros, y el camino de regreso al pueblo era empinado y peligroso. Antes de irse, mi madre, con voz firme pero llena de preocupación, dio instrucciones claras a mis hermanos que se quedaron en la cabaña, que ahora era nuestra casa:

—Ustedes se quedan dentro de la casa. Cierren bien las puertas para que no entre ningún animal. Era muy común, en aquellos tiempos en el campo, que los cerdos, zorros, mapaches y otros animales entren en las casas buscando comida.

Sabía que, aunque la casa no era la más segura, debíamos obedecerla. Mi madre siempre sabía qué hacer en momentos de crisis, y esa noche no sería la excepción. Mientras corría hacia el pueblo con mi hermana a su lado, llevando mi cuerpo sin fuerzas, todos mis hermanos que quedaron en la casa solo podían rezar para que llegáramos a tiempo.

Cuando llegamos a la casa del doctor, era un hombre de mediana edad, con el cabello salpicado de canas. A pesar de la hora, nos recibió con amabilidad y sin dudar dijo:

—Ya no es hora de consulta, pero pasen. Veamos qué puedo hacer.

Mi madre, con el rostro lleno de preocupación, me entregó en sus manos sin decir una palabra. El doctor Alfredo, con rapidez, pero manteniendo la calma, buscó un pequeño cilindro de oxígeno y me colocó una mascarilla. En pocos segundos, mi respiración empezó a estabilizarse. Aunque todavía no despertaba, ya no luchaba por tomar aire, y eso alivió un poco la angustia de mi madre.

—Está reaccionando bien —dijo el doctor—. Ahora toca esperar unas horas para ver cómo sigue.

Mi madre sabía exactamente qué era lo que me estaba ocurriendo: una crisis asmática, algo que me había afectado desde niño, pero de lo que yo no tenía plena conciencia hasta ese momento. Ella y mi hermana permanecieron a mi lado, sin moverse, mientras yo seguía bajo la supervisión del doctor Alfredo. Las horas pasaban con lentitud, mi cuerpo poco a poco fue recuperando las fuerzas.

Después de cuatro largas horas, finalmente abrí los ojos. Mi madre, que se había quedado dormida junto a mi cama, se despertó al instante y me envolvió en un abrazo lleno de alivio y gratitud. Me besaba mientras murmuraba entre lágrimas:

—Gracias a Dios, gracias a Dios que estás bien hijo mío.

El doctor, observando mi recuperación, se acercó y habló con calma:

—Tuviste una crisis asmática, pero lo peor ya pasó. Hay que tener cuidado de ahora en adelante.

Fue en ese momento que me di cuenta de que padecía de asma. Hasta ese día, no entendía por qué, de vez en cuando, me faltaba el aire.

El doctor, mostrando una gran comprensión por nuestra situación, permitió que mi madre le pagara en abonos y nos dio algunas medicinas para prevenir futuros episodios. Esa noche, aunque agotados, el alivio de haber superado otra prueba nos dejó a todos descansar en paz, sabiendo que, una vez más, habíamos salido adelante juntos.

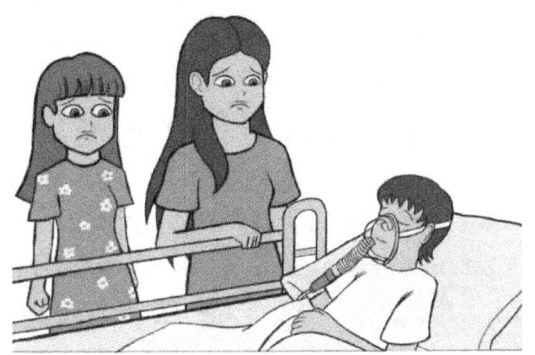

Capítulo 7.

Trabajo y Sacrificio.

E sa mañana, después de una agotadora y emocional noche, despertamos con el olor delicioso de lo que mamá estaba cocinando. A pesar de las condiciones difíciles de la choza y del cansancio acumulado, ella siempre encontraba la manera de darnos un buen desayuno. Sobre el fogón improvisado, mamá había logrado preparar gallo pinto, unos huevos fritos, plátano maduro y una jarra de aguadulce que endulzaba el ambiente con su aroma. Para acompañar, nos sirvió natilla hecha en casa que había comprado en el comisariato, y aunque no era hecha por sus manos, era tan buena como la que solía preparar antes de que fuéramos desalojados de nuestra antigua casa, cuando papá aún vivía y teníamos muchos animales en la finca.

Nos sentamos alrededor de la mesa vieja y desgastada que habíamos encontrado en la choza, pero en ese momento, no importaba el estado de los muebles ni lo humilde del lugar. Era nuestro primer desayuno en nuestra nueva vida, y la comida nos sabía cómo un verdadero festín. El gallo pinto tenía el sabor de siempre, ese que nos recordaba los tiempos mejores, y el natilla suave hacía que el plátano maduro fuera aún más delicioso. Mamá nos servía con una sonrisa serena, como si ese simple acto de darnos de comer en medio de las dificultades le diera la fuerza para seguir adelante.

Mientras desayunábamos, el sol de la mañana entraba por las rendijas de las paredes de madera, llenando el espacio con una luz cálida. Mamá se mantenía tranquila, pero en sus ojos se notaba la determinación de alguien que no iba a dejarse vencer por las adversidades. Nos recordaba a todos que, aunque nuestro nuevo hogar era pequeño y en mal estado, era un techo bajo el cual podíamos refugiarnos.

Al terminar, recogimos los platos y ayudamos a mamá a limpiar. Sabíamos que ese día había mucho por hacer, y aunque éramos pequeños, cada uno de nosotros estaba dispuesto a poner su granito de arena. La vida continuaba, y con ese desayuno, parecía que el día prometía mejor que la noche anterior.

Mamá estaba sentada en la cama, con la mirada perdida en el suelo de tierra, sumida en sus pensamientos. Sabíamos que algo la preocupaba, así que uno de mis hermanos mayores se animó a preguntar: "¿Qué te pasa, mamá?" Ella suspiró profundamente, como si estuviera cargando con todo el peso del mundo, y nos miró a todos, sus ojos llenos de determinación, pero también de preocupación.

—Estoy pensando en un plan para poder sobrevivir de aquí en adelante, todos juntos —dijo con voz firme, aunque se notaba la tensión en su rostro—. Vamos a tener que colaborar todos según las posibilidades de cada uno. Los más pequeños se quedarán en casa al cuidado de una de las hermanas mayores, y tendrán que ocuparse de las labores del hogar. Pero quiero que quede claro: no hay tiempo para jugar, no podemos perder ni un minuto. Esas tareas son tan importantes como las que harán los mayores fuera de casa.

Nos quedamos en silencio, entendiendo la gravedad de la situación. Mamá continuó, su voz era directa pero también con el tono protector que siempre usaba cuando nos hablaba de algo serio.

—Los mayores van a trabajar en la finca de don Venancio. No sé exactamente qué trabajos tendrán que hacer, pero ahora mismo iremos a hablar con él para que nos explique. Lo que nos ofreció pagar solo alcanzará para pagar el alquiler —su expresión se volvió más preocupada, pero no había lugar para el desaliento—. Así que le voy a proponer que les pague a ustedes lo que ofreció, solo por su trabajo. Yo debo buscar otro empleo para poder cubrir el resto de los gastos. Aun así, hijos, va a estar difícil.

Nos miró a cada uno, como si quisiera asegurarse de que todos entendíamos la seriedad de la situación.

—Necesitamos comprar al menos zapatos o botas de hule para el trabajo y ropa para todos —agregó—. Y aunque ganemos cuatro veces lo que nos pagará don Venancio, apenas nos alcanzará para comer. Pero no se preocupen —dijo con una sonrisa suave, intentando aliviarnos—, saldremos adelante. Ya hemos pasado por cosas difíciles antes y esta no será la excepción.

A pesar de la dureza de sus palabras, sentí una extraña tranquilidad. Mamá siempre encontraba la manera de sacarnos adelante, y aunque las cosas se veían sombrías, sabía que, con su determinación y su fe, podríamos enfrentar lo que viniera.

Mamá no tardó en organizar cómo se distribuirían las tareas entre nosotros. Con su determinación habitual, nos llamó a todos para explicar cómo sería la dinámica a partir de ese día. Sabíamos que lo que estaba por decirnos sería crucial para poder sobrevivir en nuestra nueva realidad.

—Fabián, Mercedes, Marta, Dimas y Azucena —comenzó, señalando a los más pequeños—, ustedes se quedarán en casa al cuidado de Amable. Pero esto no significa que estarán jugando todo el día, deben ayudar a su hermana con las labores del hogar. Hay mucha ropa por lavar, así que tendrán que ir al río a hacerlo. Además, deberán mantener la casa limpia y ayudar con la cocina.

Sus palabras eran claras y precisas, y aunque éramos niños, comprendíamos la responsabilidad que implicaba. Luego, volteó hacia los mayores, los que según ella tenían mayor capacidad para trabajar.

—Rafael, Zeneida y Julia —continuó—, ustedes irán a trabajar en la finca de don Venancio. Él ya les dirá en qué consistirán sus tareas, pero quiero que den lo mejor de ustedes. Sé que no es fácil, pero necesitamos todo lo que podamos para salir adelante.

Nos miró a todos, sabiendo que la carga no sería ligera para ninguno, pero también confiando en que cada uno cumpliría con su parte. La vida había cambiado drásticamente para nosotros, pero mamá se aseguraba de que nos mantuviéramos unidos y comprometidos con la supervivencia de la familia. Sabíamos que nos esperaba un camino duro, pero también que podíamos confiar en la fuerza de nuestra madre para guiarnos.

Cuando mamá llegó con mis hermanos a la casa de don Venancio, él ya los estaba esperando en la entrada, apoyado en una de las columnas del amplio corredor. Apenas los vio acercarse, frunció el ceño y soltó con tono autoritario:

—¿Por qué tan tarde han venido? Aquí el trabajo empieza a las cinco de la mañana.

Don Venancio estaba visiblemente molesto, sus ojos parecían lanzar chispas mientras hablaba, y cada palabra salía como si fuera un golpe. Mis hermanos apenas bajaron la mirada, nerviosos. Mamá, sin embargo, se mantuvo firme, porque sabía que necesitábamos ese trabajo.

—Se los voy a perdonar hoy porque es su primer día — continuó, sin darle tiempo a mamá para hablar—, pero de aquí en adelante, si llegan tarde, los echaré de inmediato. No admito vagabundos ni holgazanes.

El tono áspero de don Venancio retumbaba en el aire. Mi madre, intentando calmar la situación, se adelantó y se disculpó, siempre con la dignidad que la caracterizaba.

—Perdón por el retraso, no volverá a ocurrir —dijo con firmeza—. Aquí están mis tres hijos para trabajar por la paga que usted ofreció. Yo no podré quedarme, pues necesito buscar otro trabajo para poder mantener a mis hijos. Agradezco su comprensión.

Don Venancio la miró por un momento, quizás sorprendido por su actitud directa, pero no dijo nada más. Simplemente asintió con la cabeza y se giró hacia los corrales, donde los trabajos ya estaban esperando a mis hermanos.

Aquel día fue especialmente difícil para mis hermanas y mi hermano. Apenas llegaron a los corrales, se encontraron con una escena desalentadora: parecía que las vacas habían excretado más de lo habitual, algunas incluso con diarrea, soltando chorros de boñiga líquida. La cantidad de excremento era abrumadora, y todo debía ser limpiado por mis dos hermanas y mi hermano. El hedor era casi insoportable, pero no había tiempo para quejarse.

El área de los caballos, la caballeriza, estaba en peores condiciones. Parecía que llevaba días sin limpiarse. El suelo estaba cubierto de estiércol seco y fresco, mezclado con restos de paja y barro. Mis hermanos, sin más opción, se armaron con palas y escobas, comenzando la ardua tarea de limpiar bajo el implacable sol.

Mientras trabajaban, mi hermana mayor escuchó a algunos de los otros trabajadores, que estaban ocupados con otras tareas en la finca, como cosechar heno, reparar cercas y alimentar a los animales. Entre ellos, uno comentó algo que le llamó la atención.

—El que limpiaba aquí se fue hace unos días —le dijo uno a otro, mientras recogían fardos de heno—. Dicen que no aguantó más los maltratos de don Venancio y dejó el trabajo botado.

Mi hermana entendió entonces por qué las condiciones estaban tan terribles. Todo ese trabajo se había acumulado porque nadie lo había hecho en días. Pero a pesar de lo duro que era el trabajo, sabían que no tenían más remedio.

El trabajo era extenuante desde el principio. Para poder limpiar adecuadamente los pisos de los corrales y caballerizas, no bastaba con barrer; había que restregarlos bien con agua. Pero no había agua cerca, así que tenían que ir hasta el río con baldes en mano. Hacían múltiples viajes, llenando unos grandes recipientes que don Venancio llamaba estañones. Luego, de rodillas, restregaban los pisos de cemento manchados de excremento, polvo y lodo seco, dejando cada rincón limpio.

A pesar del cansancio, sabían que debían seguir adelante sin descansar demasiado. Don Venancio, con su usual actitud severa, aparecía de vez en cuando, caminando entre los trabajadores con las manos detrás de la espalda y observando cada detalle con desconfianza. Sus ojos no se perdían ni un solo rincón mal fregado, y cuando encontraba algo que no le parecía bien, lo señalaba con cierto desdén.

—Esto no está bien, muchachos. Quiero ver todo reluciente —decía, con la voz áspera—. Recuerden que aquí no admito holgazanes.

Mis hermanos, exhaustos, apenas respondían con un simple "sí, señor". Sabían que cualquier respuesta diferente podría costarles más que una reprimenda, y no podían darse el lujo de perder ese trabajo, por duro que fuera.

Cuando empezaba a caer la tarde, mis hermanos ya estaban agotados de tanto limpiar y acarrear agua. El sol se escondía lentamente detrás de las montañas, cuando de pronto oyeron una voz de mujer, suave y cálida, que les llamó desde lo lejos:

—Muchachos, muchachas, ya pueden venir a almorzar, vengan por favor.

Se miraron entre ellos, sorprendidos, pues no esperaban una pausa tan generosa. Dejaron las herramientas y acudieron al llamado, dirigiéndose hacia una especie de comedor al aire libre. Era una estructura simple, con techo de zinc para protegerse del sol y la lluvia, pero sin paredes. Allí ya estaban sentados otros cinco trabajadores, devorando sus platos con evidente hambre.

La mujer que los había llamado resultó ser la esposa de don Venancio. Era una señora bajita, de aspecto tranquilo, madura, pero aún con la vitalidad que hablaba de una vida bien llevada. Su cabello estaba recogido en un moño sencillo, y sus manos se movían con la suavidad de quien está acostumbrada a atender a otros. Cuando mis hermanos se acercaron, ella les ofreció comida sin decir mucho, pero su gesto lo decía todo: hospitalidad y amabilidad, algo que contrastaba con la rudeza de su marido.

—Tomen asiento, muchachos. Ya está listo —les dijo con una sonrisa cálida.

Mis hermanos, cansados y hambrientos, no dudaron en obedecer. La comida, aunque sencilla, supo a gloria: un plato de arroz con frijoles, carne en salsa, tortillas recién hechas y ensalada. El cansancio se fue desvaneciendo con cada bocado, y el ambiente era mucho más agradable en ese comedor que en cualquier otro rincón de la finca.

Al terminar, vieron que los otros trabajadores, al levantarse, pasaban cerca de la señora y le decían:

—Gracias, doña Aracely, es usted muy amable.

Mis hermanos hicieron lo mismo, agradecidos no solo por la comida, sino por el respiro en medio de una jornada tan dura.

Después de la extenuante jornada de limpieza de todos los corrales, que nos ocupó hasta las tres de la tarde aproximadamente, se apareció don Venancio con un semblante serio, pero esta vez no parecía tan furioso.

—Ya es hora de ir a dejar las vacas a los pastizales — anunció con voz firme —. Así, las vacas podrán producir de nuevo leche para el ordeño del día de mañana.

Miramos a don Venancio con un poco de temor, pero su tono de voz no dejaba entrever enfado. Nos explicó que, por esta vez, los acompañaría Ramón, un trabajador con mucha experiencia en el manejo del ganado.

—Él les mostrará cómo hacerlo, pero que del día siguiente en adelante tendrán que hacerlo solos —les advirtió, dirigiéndose a mi hermano y mis dos hermanas, que serían los encargados de realizar dicha labor diariamente.

Aun así, don Venancio parecía tener un toque de preocupación en su voz. Nos tranquilizó diciendo que también podía acompañarnos nuestro perro Jacinto, que estaba entrenado para ayudar a traer el ganado hasta los corrales. Jacinto, un perro de granja con un pelaje marrón y ojos vivaces, se acercó moviendo la cola, como si entendiera que tenía un trabajo que hacer.

Mis hermanos se miraron entre sí, algo aliviados. Era un alivio contar con la ayuda de Ramón y Jacinto en esta nueva tarea. Aquel día, aunque cansados, estábamos listos para enfrentar el siguiente desafío en la finca.

Para realizar la tarea de llevar las vacas a los pastizales, mis hermanos y yo nos organizamos. Las vacas, junto a sus terneros, comenzaron a moverse cuando Jacinto ladró suavemente, guiándolas hacia la calle. Ramón, montado en un caballo un poco flaco, avanzaba a nuestro lado. Iba montado "a pelo", es decir, sin montura, solo con un saco sobre el lomo del caballo, lo que le daba un aspecto rústico.

Las vacas, con un aire de desobediencia, intentaban escabullirse, pero Jacinto sabía cómo hacerlas avanzar en la dirección correcta. Caminamos arreando el ganado durante aproximadamente una hora, disfrutando del aire fresco y del paisaje que nos rodeaba. Al llegar a unos potreros muy grandes, las vacas comenzaron a moverse con más libertad.

Don Venancio nos había explicado que era necesario separar las vacas de sus terneros durante la noche, así que nos dividimos las tareas. Las vacas se dirigían hacia un potrero grande lleno de hierba fresca, mientras que los terneros debían llevarse a otro potrero más pequeño, donde pasarían la noche. Con un poco de esfuerzo y la ayuda de Jacinto, lograron llevar a todos los animales a sus respectivos lugares.

A medida que el sol comenzaba a ponerse en el horizonte, sentí una satisfacción que llenó mi corazón. Era un trabajo duro, pero estábamos logrando adaptarnos a esta nueva vida, trabajando juntos como una familia.

Cuando mis dos hermanas y mi hermano llegaron finalmente a la cabaña, ya era de noche. Se les notaba exhaustos, salpicados de boñiga y con la ropa muy sucia por el trabajo en la finca. Entraron sin hacer mucho ruido, arrastrando los pies con esa lentitud que solo da el cansancio extremo. Sus rostros, aunque llenos de fatiga, mostraban una especie de alivio por estar de vuelta en casa, lejos de la constante mirada severa de don Venancio.

Amable, que había estado al cuidado de nosotros los más pequeños durante el día, ya tenía algo preparado para cenar: una simple comida de gallo pinto y aguadulce caliente. Aunque no era mucho, era suficiente para darnos un poco de energía. Mis hermanas y mi hermano se sentaron en la mesa improvisada, que apenas se mantenía firme sobre sus patas inestables, y comenzaron a comer en silencio.

—¿Y mamá? —preguntó Zeneida, rompiendo el silencio mientras se llevaba una cucharada de comida a la boca. Nadie tenía la respuesta, pero todos sabíamos que mamá estaba haciendo lo imposible por encontrar otra forma de mantenernos.

La comida, aunque sencilla, nos unía después de un día largo y difícil. Había algo en ese acto de compartir, de estar juntos a pesar de las circunstancias, que nos daba consuelo. Las bromas y risas de mis hermanos más pequeños llenaban el ambiente, aligerando la tensión. No importaba lo duro que hubiera sido el día, siempre encontrábamos una manera de estar bien entre nosotros. Miré a mis hermanas y mi hermano, agotados pero firmes, y supe que esa era nuestra verdadera fuerza: la familia.

Amable, Julia y Zeneida, mis hermanas mayores, se quedaron esperando a mamá hasta que llegó, pasadas las 10 de la noche. Exhausta, pero con su espíritu intacto, se sentó con ellas para contarles lo que había hecho durante el día. Fue primero a la casa de Rosario, la señora que le ofreció trabajo lavando y planchando ropa. La casa de Rosario estaba cerca del centro del pueblo, en el lado opuesto de la finca de Don Venancio.

Mamá explicó que había negociado con Rosario para trabajar por tarea, lavando y planchando la ropa que tuviera cada día, y así poder ganar un poco más. Rosario, además, la recomendó con su vecina, una señora ya bastante mayor que vivía sola, porque sus dos hijos estudiaban en la capital y solo venían a casa cada tres meses. Esta señora también necesitaba ayuda con las labores domésticas, así que mamá aceptó el trabajo.

La mejor parte, les dijo mamá, era que en ambas casas le daban de comer, lo que significaba una preocupación menos. Eso le permitiría ahorrar un poco de dinero y mantenerse con energía para buscar otras casas donde ofrecer sus servicios, ya que la paga por oficios domésticos era muy baja.

Con lo que había ganado, pasó por el comisariato y compró alimentos para nosotros: café, que hacía días no lo probamos, arroz, frijoles, azúcar, algo de carne de pollo y también verduras frescas. Aunque había gastado todo lo que ganó ese día, teníamos suficiente para alimentarnos al menos un par de días.

Mis hermanas escuchaban en silencio, sabiendo que mamá estaba haciendo todo lo posible por mantenernos.

A pesar de las preocupaciones, nos fuimos a dormir aquella noche con la tranquilidad de saber que, al menos por unos días, habría comida en la mesa y mamá no nos dejaría caer.

A la mañana siguiente, cuando apenas despuntaba el sol sobre las montañas, mis hermanos y mi madre se prepararon para otro día de trabajo. A las cinco de la mañana, salieron de la casa. Mi madre, decidida, tomó el camino que la llevaría de nuevo a la casa de Rosario, donde había acordado lavar y planchar una gran cantidad de ropa por la suma de un colón, en esos tiempos la paga de un jornalero era de uno a tres colones la jornada de trabajo, dependiendo del tipo de trabajo que se desempeñaba. Luego, como ya le había prometido a Rosario, pasaría por la casa de su vecina Rosalía para ayudar con la cocina, la limpieza y cualquier otra labor doméstica que la anciana necesitará.

Mis hermanos, junto con Jacinto y Ramón, emprendieron el camino hacia los pastizales donde habían dejado las vacas y terneros la tarde anterior. El trayecto no era sencillo; las calles eran de tierra, cubiertas de zacate, hierbas y piedras que hacían el caminar más lento y pesado. De vez en cuando, veían alguna casa humilde, construcciones simples de madera y techo de zinc, donde vivían familias que, como nosotros, se las arreglaban para sobrevivir en medio del campo.

Ramón, con su usual calma, guiaba desde su caballo, mientras Jacinto, el perro fiel, mantenía a las vacas en fila, dirigiéndolas hacia los corrales de ordeño en la finca de Don Venancio. El sol, aunque apenas asomaba sobre el horizonte, ya empezaba a calentar el ambiente. El polvo levantado por las patas de las vacas se mezclaba con el aire fresco de la mañana.

Una vez llegaron a los corrales, mis hermanos ayudaron a separar a los terneros de las vacas, colocándolos en un corral aparte. Las vacas, tranquilas, sabían que era hora del ordeño y esperaban pacientemente mientras los trabajadores de Don Venancio se encargaban de ordeñarlas a todas. Mis hermanos observaban, listos para ayudar en lo que fuera necesario, mientras se preparaban para la siguiente tarea del día, sabiendo que el trabajo nunca terminaba.

Ese recorrido de traer las vacas era parte del día a día, una rutina que, aunque agotadora, mantenía el ritmo de la vida en ese lugar. Cada amanecer trae nuevas obligaciones, y aunque el camino era duro, sabían que no había otra forma de salir adelante.

El trabajo de mis hermanos no terminaba simplemente con llevar las vacas a los pastizales por la tarde y traerlas de vuelta en la madrugada. A eso se sumaba una ardua tarea en los corrales, donde se encargaban de hacer la limpieza completa. No solo debían mantener limpios los corrales de las vacas, sino también los de los cerdos, ya que Don Venancio tenía una gran cantidad de animales.

Mis hermanos pasaron buena parte del día barriendo y recogiendo el excremento, que parecía multiplicarse sin descanso. La limpieza de las porquerizas era quizás la tarea más desagradable. Los cerdos, de todos tamaños, estaban siempre inquietos, y el olor era insoportable, pero no había opción. Todo debía quedar limpio y ordenado bajo la estricta supervisión de Don Venancio, que cada tanto se acercaba a revisar el trabajo con mirada severa.

A pesar de lo agotador que era, ese trabajo les garantiza un techo y un poco de comida. Y aunque se enfrentaban al mal genio de Don Venancio, el apoyo mutuo y la compañía de Jacinto, el perro, les daba algo de ánimo para continuar cada día.

Al finalizar el ordeño, cerca del mediodía, las vacas eran llevadas nuevamente al corral donde los terneros esperaban impacientes para alimentarse. Era un momento de alivio para los animales, después de haber pasado toda la mañana separados. Mis hermanos observaban cómo los pequeños corrían hacia sus madres, buscando el sustento que les ofrecía la leche fresca.

Sin mucho descanso, casi al caer la tarde, debían repetir la misma tarea. Las vacas con sus terneros, debían ser llevadas de vuelta a los pastizales para pasar la noche. En esa ocasión, ya no contaban con la ayuda de Ramón. Solo Jacinto, el fiel perro, quien los acompañaba en esa ardua tarea. Siempre atento, moviéndose ágilmente entre el ganado, el perro se había vuelto su compañero más confiable.

El recorrido hasta los pastizales era el mismo camino de siempre: calles de tierra, pasto alto, hierbas y piedras que hacían difícil el trayecto. De vez en cuando, se divisaban a lo lejos las casas humildes de otras familias campesinas, pero el resto del camino era pura naturaleza. Los terneros, agotados, a veces se resistían a moverse, pero Jacinto sabía cómo arrearlos con habilidad, asegurándose de que todo el rebaño llegara a su destino.

Una vez en los potreros, las vacas y los terneros se separaban nuevamente, pasando la noche en áreas distintas. Esto se repetía todos los días, sin importar si era domingo o algún día feriado. El trabajo en la finca no tenía descanso. Mis hermanos sabían que al día siguiente volvería a empezar todo de nuevo, con la misma rutina agotadora, pero era la única forma que teníamos de subsistir.

Mientras mis hermanos trabajaban todo el día en la finca de don Venancio, mi madre ya se encontraba en la casa de Rosario. Con sus manos endurecidas por años de trabajo, sumergidas en el agua fría, lavaba incansablemente la enorme cantidad de ropa que la esperaba cada mañana. El agua helada parecía no molestarle; sabía que ese esfuerzo era necesario. A pesar de que el día iba llegando a su fin, no se dio descanso. Terminando en la casa de Rosario, se encaminó hacia la de la anciana Rosalía, tal como lo había prometido.

Cuando llegó, Rosalía la estaba esperando en el corredor, sentada en una mecedora y tejiendo con paciencia. "Mucho gusto, doña Josefina. Pase adelante," le dijo con una sonrisa amable. "Rosario me habló muy bien de usted. Necesito que me ayude a barrer, limpiar la casa, lavar y planchar algo de ropa." Mi madre, siempre dispuesta, asintió. Por suerte, ambas casas contaban con agua de un pequeño acueducto rural, algo que solo unas pocas viviendas del pueblo podían disfrutar, aunque no era completamente potable. Eso facilitaba un poco su jornada, pero el cansancio seguía acumulándose.

Sabía que no podía aflojar, pues cada trabajo significaba un poco más de comida en la mesa para nosotros.

Igual que el día anterior, mi madre terminó los trabajos alrededor de las nueve de la noche. Ese día ganó dos colones, una pequeña fortuna para nosotros en ese momento. Decidió que uno lo abonaría a la deuda con don Paco, el dueño del comisariato, y el otro se lo daría a don Alfredo, el doctor, por la atención que me había dado durante mi crisis de asma.

Después de terminar el trabajo en casa de Rosalía, pasó por la tienda de don Paco para hacer el pago. Mientras caminaba por las calles oscuras y silenciosas del pueblo, pensaba en cómo administrar mejor el dinero para cubrir las necesidades de todos. "Mañana, cuando vuelva del trabajo, le pagaré a don Alfredo," se dijo, confiada en que, con esfuerzo, poco a poco las cosas mejorarían.

Capítulo 8.

Traviesos y Curiosos.

Así continuaron nuestros días. Mi madre, con lo poco que ganaba, abonaba religiosamente al comisariato todo lo que había sacado fiado, como se decía en esos tiempos. Cada mes, cuando don Venancio nos pagaba los cinco colones por el trabajo en la finca, ya había descontado los veinticinco colones del alquiler. A pesar de lo ajustado de las cuentas, esos días mi madre tenía un pequeño respiro económico.

Con el primer ahorro, apenas pudo, nos compró a todos zapatos y algo de ropa. Los zapatos consistían en botas de hule y zapatillas negras de hule también y muy sencillas, pero para nosotros eran un verdadero lujo. Nos sentíamos realmente contentos, como si con esos zapatos nuevos hubiéramos dado un paso hacia adelante en medio de las dificultades.

Yo solía aburrirme en casa, sobre todo cuando ya había terminado las tareas y quedaba un rato libre para jugar con mis hermanos. Parte del día lo pasábamos yendo al río a buscar agua, ya que allí también íbamos a lavar la ropa. Siempre me daban ganas de tomar agua directamente del río, pero mi hermana Amable no me lo permitía. Me decía que, aunque el agua pareciera muy clara, teníamos que hervirla antes de beberla, por seguridad.

Mientras ella lavaba, mis hermanos y yo nos entreteníamos corriendo por la orilla, tirando piedras al agua y molestando a los monos que pasaban saltando por los árboles cercanos. Uno de esos días, encontramos un tronco volcado que atravesaba el río como un puente improvisado. De inmediato, nos pareció el mejor juego: cruzar el tronco lo más rápido posible de un lado a otro. El que lo lograra más rápido ganaba.

Todo iba bien hasta que mi hermana Marta, en una de esas carreras, perdió el equilibrio y cayó al río. Al caer, se golpeó contra una piedra y se fracturó el brazo derecho. En ese momento, el juego se transformó en angustia. Amable no sabía qué hacer. "¡Ahora mamá nos va a castigar! ¡Eso te pasa por no obedecerme!", nos decía mientras intentaba tranquilizar a Marta. Sin pensarlo mucho, corrimos a buscar a Julia, que estaba trabajando en los corrales, y entre todos llevamos a mi hermana herida al doctor del pueblo.

Ya era una preocupación más para mi madre, como si no bastara con las deudas que se iban acumulando, sobre todo en el comisariato. Esa noche, cuando mamá llegó, nos dio una buena reprimenda, aunque no usó el chilillo como hacía habitualmente cuando estábamos en problemas graves.

Esa noche, vi a mi madre como pocas veces la había visto. Aunque siempre se mostraba fuerte, esta vez, sentada en un rincón de la casa, la vi pensativa, con lágrimas cayendo por sus mejillas. Todos nos acercamos a ella, la rodeamos en silencio y la abrazamos. Sabíamos que, aunque el peso que cargaba era inmenso, estábamos juntos en esto.

Otro día, durante esas horas de aburrimiento en las que no había nada que hacer después de haber ayudado a mi hermana con las labores de la casa —llevar y lavar la ropa, volver a traerla, tenderla, barrer la casa, recoger leña y cualquier otra tarea que surgiera—, se me ocurrió investigar qué podía encontrar en la casa de Don Venancio. Nuestra cabaña quedaba muy cerca, y se podía llegar sin ser visto si uno tomaba el camino por detrás, aprovechando la vegetación espesa.

Con curiosidad, me acerqué a un claro y, a través de la cerca, vi a Marisela, la hija menor de Don Venancio, que estaba columpiándose. Al verme, me sonrió y me dijo: "Hola, ¿quieres jugar conmigo?" Sorprendido por su amabilidad, me agaché y pasé por debajo del alambre de púas, cuidando de no cortarme. "Me cuesta mucho columpiarme", dijo Marisela, "¿me puedes empujar? Luego yo te empujo a ti".

Pasamos un buen rato jugando, ella reía y parecía disfrutar mucho. En uno de esos momentos, Marisela quiso hacer una vuelta extraña en el columpio y, aunque no iba muy rápido, cayó sobre el zacate. Empezó a llorar fuerte, y antes de darme cuenta, llegó Don Venancio, furioso y con un chilillo en la mano, de esos que usan para darle a los caballos. Lo vi con los ojos llenos de miedo, estaba seguro de que iba a golpearme, pero en ese instante apareció doña Aracely, su esposa, y lo detuvo. "Él no tuvo la culpa, son solo niños", le dijo con calma. Marisela, al final, solo tenía un pequeño raspón, pero yo estaba aterrado.

Salí corriendo, con tan mala suerte que, en lugar de ir hacia nuestra cabaña, me dirigí al lado opuesto. De pronto, me topé con un ave enorme, más alta que yo, que emitía un sonido extraño que jamás había escuchado. Luego supe que era un chompipe, o pavo. Traté de cambiar de dirección, pero me encontré con otra ave gigantesca, esta con un cuello muy largo, un ganso. El chompipe solo abrió sus alas, pero era tan grande que me superaba en altura. Sin embargo, el ganso sí se abalanzó contra mí con la clara intención de agredirme.

Corrí con todas mis fuerzas hacia la cabaña, con el ganso siguiéndome. Sentí un picotazo en la pierna derecha, pero no me detuve. Cuando llegué a la cerca de alambre de púas, me tiré de panza para pasar por debajo, pero el alambre me causó una herida larga poco profunda en la cabeza, aunque no me di cuenta en el momento. Miré hacia atrás para ver si el ganso aún me perseguía, pero ya no lo hacía. De pronto, escuché los ladridos de

Jacinto, que había intervenido para distraer al ganso y salvarme.

Al llegar a casa, mi hermana ya me andaba buscando. Se alarmó al verme la cara llena de sangre, aunque yo no había sentido nada. Me curó lo mejor que pudo y me mandó directo a la cama. Esa noche no le contamos a mamá lo que había pasado, para no preocuparla más de lo que ya estaba.

En otra ocasión, a pesar del susto que me llevé con el ganso y el chompipe, decidí volver a la zona donde Marisela solía columpiarse. Sin embargo, esta vez no estaba en el columpio. A lo lejos, escuché muchas voces que provenían de la parte trasera de la casa. Crucé la cerca de nuevo, lleno de curiosidad, y me acerqué a una ventana. Para mi sorpresa, vi a Marisela y a su hermano mayor, Jairo, sentados frente a una pequeña caja cuadrada. Lo que más me llamó la atención fue que de esa caja salían unos dibujos que se movían y hablaban. Nunca había visto algo así, y me quedé maravillado, observando en silencio.

De repente, escuché una voz suave y agradable detrás de mí. A pesar de lo gentil que sonaba, me petrifiqué del susto. Justo cuando estaba a punto de salir corriendo, escuché a doña Aracely decir: "Tranquilo, no te preocupes, todo está bien." Esas palabras me aliviaron de inmediato. "Ellos están viendo televisión, ¿te gusta?", me preguntó. "Si quieres, puedes pasar. Te invito un refresco con galletas, ¿qué te parece?" Acepté con una mezcla de emoción y sorpresa, y pasé a la casa.

Estuve un buen rato con los hijos de doña Aracely, comiendo galletas y viendo televisión. Era algo fascinante, nunca había imaginado que existiera un aparato así. Antes de irme, doña Aracely me dijo con una sonrisa: "Puedes venir cuando quieras a ver televisión, y si quieres, trae a tus otros hermanos y hermanas también."

Desde ese día, con el permiso de mamá y la amable invitación de doña Aracely, íbamos de vez en cuando a la casa de Don Venancio a ver televisión. Aquello se convirtió en uno de los pocos momentos de disfrute en medio de nuestras largas jornadas de trabajo.

Capítulo 9.

Alegrías Del Pueblo.

El domingo era el único día en que mamá no trabajaba fuera de casa, y todos íbamos juntos a misa de las diez de la mañana en la pequeña pero hermosa iglesia del pueblo. Mis hermanos Julia, Rafael y Zeneida interrumpían por unas horas su trabajo en los corrales de Don Venancio, ya que mamá lo había negociado con él. Era el único momento de la semana en que podíamos estar todos juntos, y lo disfrutábamos mucho. Corríamos, jugábamos y nos sentíamos felices, olvidando por unas horas lo duro que era nuestra vida diaria.

Recuerdo que un domingo, después de la misa, mamá nos llevó a recorrer algunas calles del pueblo que nosotros aún no habíamos conocido. Mamá sí las conocía bien, pues debía cruzar todo el pueblo para ir a trabajar cada día. Fue emocionante para nosotros descubrir nuevos rincones. Vimos un camión de aspecto muy viejo, que me pareció gigantesco, parado frente al comisariato. Varias personas descargaban un sinfín de cosas y las trasladaban a unas bodegas. A la vuelta, descubrimos un comercio donde vendían carnes, sobre todo de vaca y cerdo. Lo que más me impactó fueron los cerdos colgados en ganchos, partidos por la mitad, y las cabezas de vacas cortadas. Al principio me horrorizó la escena, pero mamá nos explicó que era normal y necesario para la alimentación de las personas.

También pasamos por un lugar que vendía carne de pollo, huevos, verduras y hasta pollitos recién nacidos y de otros tamaños. Mamá decidió comprar una docena de pollitos, algunos eran de color negro y otros de color amarillo. Al principio pensé que serían nuestras nuevas mascotas, pero luego entendí que, con el tiempo, nos darían alimento.

Más adelante, observamos un local donde muchos hombres llegaban con sus caballos, los amarraban en una barra de madera y entraban al lugar. Desde afuera, pude ver un estante largo donde los hombres se sentaban a tomar en copas pequeñas y botellas de vidrio alineadas al frente. Mamá me explicó que ese sitio era un bar, un lugar donde muchos hombres, y algunas mujeres, iban a tomar licor. Aunque no entendía bien por qué, notaba que era un sitio al que mamá prefería no acercarse demasiado.

Esa mañana fue especial para nosotros, llena de descubrimientos y momentos en familia que, aunque breves, nos hacían sentir unidos y felices.

Ese día había algo especial en el ambiente. Se veía mucha gente caminando a pie y otros a caballo. Mamá, curiosa, le preguntó a un hombre montado a caballo, que parecía ser nativo del pueblo, qué sucedía. El señor, con una sonrisa, le contestó: "Hoy estamos de fiesta, celebramos las fiestas patronales del pueblo. Es solo una vez al año." Luego, con prisa, agregó: "Con permiso, no me quiero atrasar para registrarme en las carreras de cintas." Yo no sabía qué eran esas carreras, pero mamá sí, pues había visto algunas en nuestro antiguo pueblo, según nos contó mientras caminábamos.

Nos dirigimos hacia una zona donde se oían gritos, risas y música. Llegamos a un área plana donde habían construido una estructura redonda hecha con troncos, tablas de madera, clavos, láminas de zinc y otros materiales. Escuché que lo llamaban el redondel. Estaba lleno de gente observando con emoción. De pronto, vi a un hombre salir montado en un gran toro que brincaba y sacudía violentamente, tratando de tirar al jinete. Mamá nos explicó que esa era la monta de toros, algo muy común en las fiestas patronales del pueblo.

Alrededor del toro, algunos hombres con capas rojas se enfrentaban al animal, agitándolas para llamar su atención y así evitar que embistiera al jinete cuando caía al suelo. A veces, otras personas se metían en el redondel para molestar al toro, corriendo cuando el animal intentaba embestirlos. Era emocionante y aterrador al mismo tiempo. De repente, ocurrió un accidente. Un toro golpeó con sus patas traseras a un hombre en el estómago, haciéndolo caer al suelo. El hombre parecía desorientado, mamá nos explicó que estaba borracho, lo que le impedía reaccionar rápido. "Debe haber bebido mucho licor en el bar", dijo mamá, y por eso no pudo escapar a tiempo de la embestida del toro.

La escena fue impactante, y aunque ese día disfrutamos de la algarabía de las fiestas, ese accidente nos dejó a todos en silencio por un momento, recordándonos que no todo en esas celebraciones era diversión.

Continuamos nuestro recorrido por el área de las fiestas, donde el aire estaba lleno del aroma delicioso de las comidas típicas de la zona. Había tamales, tortillas palmeadas, algunas solas y otras con queso, elotes cocinados, y una variedad de bebidas como la chicha y el chicheme. Mi hermana mayor, que había aprendido a leer y escribir, aunque fue muy poco a la escuela para poder ayudar a mamá a cuidarnos, leyó un rótulo que decía "atol de maíz pujagua". También vimos que vendían pozol, gallo pinto, moronga o morcilla, y arroz de maíz, que hacían usando maíz en lugar de arroz y lo combinaban con pollo.

Había rosquillas, tamal asado, y frutas frescas como nísperos, zapotes y mangos. Todo era una tentación para los sentidos. Caminábamos observando cada puesto, llenos de curiosidad y deseo por probar todo lo que veíamos, aunque sabíamos que el dinero no alcanzaba para esos lujos.

En medio de todo, lo que más me impresionó fue ver unos juegos mecánicos. Había uno con caballitos de madera que se movían de arriba a abajo sobre una plataforma circular. Me moría de ganas de subirme a uno, imaginarme cabalgando como mis hermanos cuando iban al trabajo, pero sabía que mamá no tenía dinero para esos gustos. Así que me quedé mirando, con una mezcla de ilusión y resignación, mientras otros niños disfrutaban de la atracción.

Más adelante, mientras seguíamos explorando las fiestas, pudimos presenciar por primera vez las famosas carreras de cintas. Un montón de hombres a caballo corrían uno tras otro a gran velocidad, levantando polvo al pasar. Sobre la calle, se colocaba un mecate que la atravesaba de lado a lado, a una altura calculada para que fuera difícil, pero no imposible, que los jinetes insertaran un punzón delgado en las pequeñas argollas de metal que colgaban de él.

El reto consistía en que, sin reducir la velocidad, los jinetes debían intentar acertar en una de las argollas con su punzón mientras galopaban a toda prisa. Aquellos que lo lograban se llevaban un premio, y la emoción entre los espectadores era palpable. A ambos lados de la calle, la gente se amontonaba para ver el espectáculo, gritando y aplaudiendo cada vez que un jinete lo intentaba. Aunque no comprendía del todo las reglas, me emocionaba ver cómo los jinetes se esforzaban por alcanzar las cintas, y el ambiente festivo hacía que todo fuera aún más emocionante.

Continuamos caminando entre la multitud que celebraba las fiestas patronales del pueblo. Algunas personas que conocían a mi madre de vista la saludaban con amabilidad, y en medio de todo ese bullicio se nos acercó el padre Pedro, el sacerdote que oficiaba la misa en la pequeña iglesia del pueblo. Saludó a mi madre con efusividad y, después de intercambiar algunas palabras, le preguntó:

—¿Todos estos niños tuyos ya han hecho la primera comunión?

Mi madre, que siempre se preocupaba por seguir los preceptos de la iglesia, respondió con cierta inquietud:

—No, padrecito, solo mi hija mayor ha hecho la primera comunión.

El padre Pedro frunció el ceño un poco y le explicó con firmeza:

—Los que ya tienen más de seis años deben comenzar los estudios de catecismo cuanto antes. Tendrán que venir todos los sábados, de una a cuatro de la tarde, durante los próximos tres años para poder hacer su primera comunión a tiempo.

La expresión de preocupación en el rostro de mi madre se hizo más evidente. Sabía lo importante que era para ella cumplir con las enseñanzas de la iglesia, pero también sabía que el trabajo ocupaba casi todo nuestro tiempo. Sin embargo, con determinación le contestó al padre:

—Voy a ver cómo hago, padrecito. Todos tenemos que trabajar para vivir, pero de alguna manera encontraremos el tiempo para que asistan.

A mí, por mi edad, todavía no me correspondía asistir a las clases de catecismo, pero sabía que tarde o temprano también me tocaría. Mientras tanto, mi madre ya empezaba a pensar en cómo organizar todo para cumplir con esa nueva obligación religiosas sin descuidar el trabajo que nos permitía subsistir.

Más adelante, entre el bullicio de la fiesta, vimos a lo lejos a una señora distinguida que resaltaba entre la multitud. Vestía un elegante vestido verde brillante, zapatos negros de tacones gruesos y un sombrero crema adornado con plumas de colores. Todos la saludaban con familiaridad y respeto, lo que dejaba claro que era una persona importante en el pueblo. De repente, noté que su mirada se fijó en mi madre y en nosotros, y se acercó con rapidez.

—¿Cómo está, doña Josefina? —le dijo—. He oído hablar de usted. Dicen que es nueva en el pueblo y que tiene varios niños en edad escolar, pero no he visto a ninguno de sus hijos en la escuela.

Mi madre, con tono humilde pero firme, le explicó:

—No puedo enviarlos a la escuela, señora. Todos tenemos que trabajar para vivir, pero estoy tratando de ver cómo hacerlo.

Doña Eugenia, como se llamaba la mujer —quien además era la directora de la pequeña escuela del pueblo—, escuchó con atención. Ella misma impartía clases, dado que el pueblo era pequeño y contaba solo con un par de maestros más. Con seriedad, le respondió a mi madre:

—Doña Josefina, es obligatorio que los niños asistan a la escuela. No se debe privar a los hijos de ese derecho y, además, la educación en nuestro país es gratuita y obligatoria.

Mi madre, aunque deseaba profundamente que nosotros pudiéramos estudiar, estaba atrapada por las dificultades del día a día. A pesar de ello, le contestó:

—Haré lo posible, señora. Veré cómo puedo cumplir con eso.
Sabía que, para mi madre, que nunca tuvo la oportunidad de aprender a leer ni escribir, la educación era importante. Pero también era consciente de lo complicado que resultaba encontrar el tiempo para enviarnos a la escuela cuando el trabajo era una necesidad diaria.

De repente, escuchamos gritos y vimos a la gente correr despavorida, especialmente niños y jóvenes. Unos monstruos gigantes con cabezas enormes y aterradoras perseguían a todos. Uno de ellos, con una cabeza roja, grandes dientes, nariz, orejas y cuernos, se acercaba rápidamente hacia nosotros. Yo me quedé petrificado, sin poder moverme, solo atiné a agarrarme fuertemente del vestido de mi madre. Mis hermanas más pequeñas, asustadas, rompieron en llanto. Aunque yo también sentía miedo, no lloré.

El monstruo se agachaba, buscando a los más asustados entre nosotros. Mi madre nos sujetaba con fuerza, tratando de protegernos, mientras nos decía con calma que no tuviéramos miedo, que solo eran personas disfrazadas. A medida que los monstruos se alejaban, persiguiendo a otros niños, mamá nos explicó que dentro de cada uno de esos monstruos había una persona y que esa actividad, conocida como "las máscaras", era una tradición muy común en las fiestas del pueblo.

Aunque intenté convencerme de que eran solo personas disfrazadas, no pude evitar que el miedo siguiera acechándome. A pesar de sus palabras, aquellos seres seguían pareciéndome muy reales y aterradores.

Al otro lado del redondel, donde habían improvisado una tarima de madera, se alcanzaba a escuchar, a pesar del bullicio de la celebración, la música penetrante de una cimarrona acompañada por una marimba. Era una pequeña banda compuesta por aficionados del pueblo, que tocaban melodías típicas de la región. El sonido folklórico envolvía el ambiente, llenándolo de vida.

Frente a la tarima, un grupo de baile danzaba alegremente al ritmo de la música. Las mujeres llevaban vestidos de colores brillantes, donde predominaban el blanco, azul y rojo. Sus enaguas amplias se movían al compás, y lucían peinados adornados con trenzas y flores. Los hombres, en cambio, vestían pantalones blancos o negros y camisas blancas, con cintas de colores en la cintura y pañuelos colgando de sus bolsillos traseros, también en tonos blanco, rojo o azul.

Nos quedamos por largo rato disfrutando de la música y observando los maravillosos bailes. Nos dejaron boquiabiertos, pues nunca habíamos presenciado algo tan alegre y lleno de color. Aquella escena, con su mezcla de sonidos y movimientos, nos llenó de asombro, una experiencia que nos quedaría grabada en la memoria.

Continuamos nuestro camino en dirección a la calle que conduce a nuestra casa, pasando por otra zona donde había un ambiente de baile, pero esta vez no era música tradicional, sino popular. Habían improvisado un pequeño salón y colocado una máquina llamada "rockola," que producía la música a gran volumen. Nunca antes había visto algo así, y me sorprendió que, al echarle una moneda de cinco centavos, la máquina comenzaba a tocar una canción. Nos detuvimos por un momento para observar cómo algunas parejas bailaban con mucha energía y alegría.

De repente, un joven muy apuesto, algo que entendí por las miradas que le dirigían algunas mujeres, invitó a mi hermana Julia a bailar. Al principio, ella se negó, diciendo que no sabía bailar y que nunca lo había hecho antes, pero el joven insistió. "Es muy fácil, yo te enseño," le dijo, y finalmente mi hermana aceptó. A pesar de no haber bailado antes, Julia lo hacía muy bien, sorprendiendo a todos. Nos quedamos un rato más observando el baile.

En medio de esto, otro hombre intentó invitar a mi madre a bailar, pero ella se negó rotundamente. "Lo mío es el trabajo, los bailes no son para mí," dijo con una sonrisa.

Ya había pasado buena parte de la tarde cuando decidimos volver a casa. Recordé que doña Aracely le había pedido a mi madre que pasara un momento por su casa al regresar del pueblo, y, además, todavía quedaba la tarea pendiente de llevar las vacas a los pastizales. Con todo esto en mente, comenzamos el camino de vuelta.

Cuando llegamos a la casa de Don Venancio, ya eran casi las cinco de la tarde. Doña Aracely nos esperaba en el corredor, como solía hacerlo todas las tardes, sentada en una mecedora mientras tejía. "Pasen adelante," dijo, dirigiéndose a mi madre. Algunos de nosotros fuimos a terminar el trabajo pendiente con el ganado, mientras los demás nos quedamos esperando a un lado de la casa. Mi madre entró y se sentó a conversar con Doña Aracely, quien le dijo que hacía algunos días que quería hablar con ella.

"Puedes llamar a Julia," añadió Doña Aracely, "me gustaría que también escuchara lo que tengo que pedirte."

Cuando Julia llegó, Doña Aracely explicó que, debido a su cansancio, ya no podía encargarse de las labores domésticas como antes. Quería que Julia asumiera las tareas de su casa: limpieza, cocina, lavado y planchado. Por este trabajo, le pagaría 25 colones adicionales al mes, además de los treinta que ya recibían por el trabajo con el ganado. "Zeneida y Rafael lo están haciendo muy bien con la ayuda de Jacinto," añadió.

Mi madre aceptó la oferta, y por un breve momento, sonrió. Era una de las pocas veces que la había visto sonreír. "Esto nos ayudará un poco más para ir pagando las deudas con el carnicero, el doctor y el comisariato," dijo con alivio.

Capítulo 10.

El Esfuerzo De Cada Día.

C uando llegamos a casa, ya prácticamente había oscurecido. Mi madre, siempre que encontraba un poco de tiempo libre entre lavar ajeno, cocinar o planchar, lo dedicaba a hacer trabajos en casa, como arreglar nuestra ropa. Además de todo lo que hacía, mamá era una hábil costurera. Algunos vecinos le encargaban arreglos como remiendos, poner zippers, hacer ruedos de pantalones, coser botones de camisas, y cualquier otro tipo de arreglo.

Había comprado una máquina de coser manual a crédito en el comisariato, y todas las noches, después de un día agotador, trabajaba algunas horas en esas labores de costura o en otras necesidades del hogar, como lavar ropa, limpiar la casa y, sobre todo, cocinar. Aunque estaba exhausta, se esmeraba en todo lo que hacía. Generalmente, se acostaba alrededor de la medianoche, asegurándose de que todo estuviera lo mejor posible para el día siguiente.

Esa noche tuvimos que buscar un lugar donde pudieran dormir pollitos que mamá había comprado. Los dejamos dentro de la casa, en una caja de cartón improvisada, pero sabíamos que muy pronto tendríamos que hacerles un encierro afuera, ya que iban a crecer y necesitarían más espacio. Además, era importante protegerlos durante la noche de los animales salvajes. Los zorros y coyotes solían merodear los gallineros de las casas en busca de alimento, y era muy común que hicieran sus visitas nocturnas en busca de presas fáciles.

El siguiente domingo, como de costumbre, fuimos a misa de 10 de la mañana y nos devolvimos rápidamente a casa. Mamá estaba decidida a que realizáramos algunas labores importantes que, según ella, nos ayudarían a sobrellevar las dificultades económicas que enfrentábamos. Lo primero que hicimos fue construir un gallinero para los pollitos, que ya comenzaban a crecer. Para ello, recolectamos pedazos de madera, láminas de zinc viejas medio destruidas, tablas y todo lo que pudimos encontrar tirado en la finca de don Venancio. Aunque al principio él no estaba del todo de acuerdo, su esposa, doña Aracely, lo convenció de que nos dejara usar lo que encontráramos. Además, generosamente, ella nos ofreció algunos materiales que tenía guardados en una bodega: muchos clavos, un martillo, un cuchillo grande, un pico, un serrucho y un par de palas, aunque viejas, todavía en buen estado.

Así continuamos, todos los domingos y siempre que teníamos un poco de tiempo, nos dedicábamos a realizar alguna labor en nuestra casa, siguiendo las indicaciones de mamá, quien insistía en que eran importantes para nuestro futuro. Después de construir el gallinero lo mejor posible, asegurándonos de que los pollos no se escaparan y que ningún animal pudiera entrar, emprendimos un nuevo proyecto. Hicimos una cerca larga con palos verdes recién cortados, formando dos filas paralelas, sobre las cuales colocamos otros palos y ramas más pequeños, creando una especie de túnel de madera y follaje.

Siguiendo las órdenes de mamá, sembramos muchas unidades de una verdura llamada chayote, que ella había comprado en el pueblo. Según nos explicó, pronto los bejucos crecerían y se enredarían en la estructura que habíamos construido. Además, plantamos algunos arbolitos de mango pequeños, uno de limón mandarina ácida y varios de mandarina dulce. Mamá nos aseguró que estas frutas crecerían bien en el clima de la zona, siempre y cuando los cuidáramos adecuadamente en el futuro.

Seguidamente, mamá nos dijo que haríamos una huerta. Para comenzar, tuvimos que quitar el zacate y la maleza de una pequeña zona detrás de la casa. Pasamos arduas horas trabajando, picando la tierra con el pico y las palas y removiéndola para que quedara suave y preparada. Así, acondicionamos dos tramos de tierra de aproximadamente un metro de ancho por cinco de largo, donde sembramos lechugas, culantro, cebollino y rábanos.

Luego, construimos una cerca larga con palos y sembramos muchas semillas de tomate. Mamá nos explicó que eran tomates muy pequeños, que se daban bien en la región y que nos iban a gustar. Nos advirtió que tendríamos que cuidar la huerta con mucha dedicación para ver los frutos lo más pronto posible. Además, hicimos otra enredadera, un poco más pequeña que la de los chayotes, para sembrar semillas de pepino y de ayote.

En una zona plana cercana al río, donde el agua ocasionalmente se salía de su cauce, manteniendo la tierra húmeda por algún tiempo, mamá nos dirigió en la siembra de yuca y ñame. Aunque todos participamos, mamá era la que ideaba y organizaba cada actividad. Aprovechamos algunas semillas que doña Aracely, en su generosidad, le había regalado a mamá. En la finca de don Venancio, especialmente cerca del cauce del río, siempre mantenían sembradas grandes cantidades de ñame, yuca y maíz, que normalmente usaban para alimentar a los animales como cerdos, gallinas, gansos, pavos y patos, que abundaban en la propiedad.

En otra zona, un poco más alejada del río, también plantamos maíz y frijoles. Esta área, aunque más seca, era adecuada para estos cultivos, y mamá insistió en que los cuidáramos con esmero, ya que serían fundamentales para nuestro sustento en el futuro.

Las siembras nos generaron aún más trabajo, ya que diariamente teníamos que ir al río a traer agua para regar las hortalizas, la chayotera y los demás cultivos. Esto era especialmente difícil en la época de verano, cuando el calor se volvía sofocante, casi insoportable. Mamá siempre nos advertía: "Si no cuidamos las siembras, no van a producir nada y se van a secar todas las plantas".

Como no teníamos dinero para comprar abono, mamá ideó una forma de hacer un abono orgánico. Recolectaba desechos orgánicos, principalmente excremento de cerdo y vaca, lo mezclaba bien y lo dejaba reposar durante un buen tiempo. Después lo usábamos como fertilizante para las plantas. Hacíamos todo como mamá nos decía, aunque el trabajo era arduo.

Con el tiempo, comenzamos a ver los frutos de nuestros esfuerzos. Los pollos crecieron; algunos se convirtieron en gallos y otros en gallinas, y mamá seguía comprando más para aumentar la cantidad. Las plantas de chayote crecieron hasta cubrir por completo la estructura de palos que habíamos construido, y las matas de tomate se convirtieron en una gran enredadera, llenas de pequeños tomatitos que recolectábamos conforme iban madurando.

Capítulo 11.

El Camino Hacia Una Educación.

C on esta rutina diaria de trabajo, en la que cada uno de nosotros colaboraba según nuestras posibilidades, el tiempo fue pasando hasta que finalmente cumplí la edad para ir a la escuela. Mamá siempre quiso que yo estudiara, ya que ella nunca tuvo la oportunidad de hacerlo. No sabía leer ni escribir, aunque, según lo que entendí, tampoco mostró mucho interés por aprender cuando tuvo la oportunidad.

Mis dos hermanas, Marta y Mercedes, habían alcanzado la edad escolar dos años antes, pero mamá no las había matriculado, a pesar de la insistencia de doña Eugenia, la directora de la escuela. Esto se debía a que la escuela estaba muy lejos, y el camino podía ser peligroso. Mi hermano Dimas y Azucena apenas lograron terminar la escuela el año anterior. Dimas había alternado sus estudios con el trabajo en la finca de don Venancio, ya que tuvo que asumir ese rol cuando Julia pasó a encargarse de las labores domésticas en la casa de doña Aracely. Azucena, por su parte, había faltado con frecuencia a la escuela para ayudar con las tareas de la casa, pero aun con este inconveniente pudo terminar la escuela.

Mis hermanos mayores, Rafael, Zeneida, Amable y Julia, al menos habían aprendido a leer y escribir, lo que era un alivio para mamá, pero la situación en casa seguía siendo complicada, lo que hacía difícil que todos pudiéramos recibir la educación que ella tanto deseaba para nosotros.

Una tarde de domingo, cuando ya casi oscurecía, doña Aracely vino a visitar a mi madre. Se sentaron a conversar largo rato en el pequeño corredor de piso de tierra que tenía nuestra casa. Mamá, siempre con su amabilidad característica, le ofreció café acompañado de unas deliciosas rosquillas que ella misma había preparado. Aracely aceptó con agrado, y ambas pasaron un rato ameno, sonriendo y compartiendo como buenas amigas.

En un momento, Aracely cambió el tono de la conversación y le dijo a mi madre que lamentaba mucho las duras condiciones en las que vivíamos. Con genuina preocupación, le habló de una gran oportunidad para mejorar nuestra situación económica, una que involucraba trabajar como empleadas domésticas en la ciudad, no para mi madre, sino para mis dos hermanas mayores. "Ellas podrían trabajar en la ciudad y mandarte dinero, ganarán mucho más de lo que se gana aquí," le explicó Aracely. "Tengo una hermana en San José que le daría trabajo de inmediato a Julia, y ella conoce a otra familia donde podría emplearse Amable."

Mi madre, al escuchar esto, no pudo evitar pensar en las deudas que nos agobiaban, de cómo, en lugar de disminuir, crecían cada día más. A pesar de ello, después de reflexionar un poco, le respondió a Aracely: "Estoy de acuerdo, pero la decisión debe ser de ellas."

Cuando mi madre les habló a Amable y Julia, sobre la propuesta, al principio dudaron. La idea de dejar el hogar y trasladarse a la ciudad no era fácil de asimilar. Sin embargo, tras pensarlo mejor, aceptaron con la esperanza de que, trabajando en la ciudad, podrían ayudarnos a salir de la pobreza en la que vivíamos. Fue una decisión difícil, pero llena de la ilusión de un futuro mejor para todos nosotros.

El siguiente domingo, a las seis de la mañana, toda la familia se reunió para despedir a mis hermanas mayores, que se iban a trabajar a la gran ciudad. Un autobús pasaba a esa hora por una calle cercana al comisariato, al borde del pueblo, y ese sería el vehículo que las llevaría a su nuevo destino.

Las despedidas fueron emotivas. Mis hermanas lloraban, abrazando a mi madre con fuerza, y se despidieron de cada uno de nosotros. Aunque trataban de mostrarse valientes, el miedo y la tristeza de dejar el hogar eran evidentes. Nosotros, los más pequeños, no entendíamos completamente el significado de aquel adiós, pero sentíamos el peso de la ocasión.

Nos quedamos largo rato viendo cómo el autobús se alejaba lentamente, hasta que se perdió en el horizonte. El silencio que quedó tras su partida fue abrumador, y una sensación de vacío se instaló en la casa. Después de ese día, pasarían varios años antes de que volviéramos a ver a mis dos hermanas mayores.

Capítulo 12.

Tentaciones De La Ciudad.

A l día siguiente, la distribución de las labores en casa cambió drásticamente. Mi hermana Azucena, que ya había cumplido trece años, asumió la responsabilidad de las labores domésticas. Sería ella quien se encargaría de la limpieza de la casa, el cuidado de las gallinas, la huerta y otras tareas necesarias. Azucena contaba con la ayuda de mis dos hermanas gemelas, quienes estaban a punto de cumplir nueve años. Aunque se esperaba que colaboraran, con frecuencia se distraían y se ponían a jugar, lo que hacía que su ayuda fuera limitada debido a su corta edad.

Dimas, que ya tenía doce años, y yo, con casi siete, ahora teníamos la tarea de llevar y traer las vacas y limpiar los corrales en la hacienda de don Venancio. Estas tareas nos correspondieron debido a que mi hermano mayor había aceptado un nuevo trabajo en una hacienda lejana, dedicada a la corta de caña de azúcar, una actividad agrícola muy importante en la región. Mi hermano estaba emocionado por este cambio, ya que se sentía cansado de pasar los días arreando vacas y limpiando corrales y chiqueros, y veía en el nuevo trabajo una oportunidad para un cambio de vida.

Zeneida, que había cumplido 16 años, reemplazaría a Julia en la casa de doña Aracely, asumiendo las labores domésticas que mi hermana mayor había dejado. Por su parte, mi madre continuaba trabajando de sol a sol en las casas de Rosario, Rosalía y algunas otras que le ofrecían trabajo esporádicamente realizando labores domésticas, tal como lo había hecho durante años para mantener a la familia.

Con esta nueva organización, cada uno de nosotros asumió responsabilidades mayores. Las jornadas eran largas y el trabajo, arduo, pero sabíamos que era necesario para poder salir adelante.

A pesar de mi corta edad, asumía mis tareas con gran seriedad. Mi día comenzaba a las cinco de la mañana, cuando salía con mi hermano Dimas hacia los pastizales, que estaban un poco lejos. Siempre nos acompañaba nuestro fiel perro Jacinto y ahora contábamos con un viejo caballo. Aunque lo montábamos solo con un saco de gangoche sobre su lomo, era de gran ayuda. Dimas y yo íbamos montados en el caballo mientras Jacinto, vigilante como siempre, trataba de evitar que las vacas se dispersaran.

Sin embargo, frecuentemente yo tenía que bajarme del caballo para arrear las vacas, amenazándolas con un chilillo. A veces se dispersaban a pesar del buen trabajo de Jacinto. Como yo era el menor, mi hermano me obligaba a bajarme del caballo, mientras él se quedaba montado, arrendo las vacas. Además, yo todavía no había aprendido bien a manejar el caballo, pero pronto lo haría.

Un día, le reclamé a mi hermano por qué no se bajaba él de vez en cuando. En lugar de responderme, con enojo me tiró del caballo. Para no caerme, me agarré con fuerza de su camisa, pero aun así caí al suelo, aunque la camisa de Dimas, que quedó en mis manos, me ayudó a amortiguar la caída. Mi hermano quedó sin camisa y solo reaccionó soltando una gran carcajada. A pesar de mi enojo inicial, yo también empecé a reírme desde el suelo, resulto ser algo tan gracioso que nunca lo olvide.

Desde ese día, decidimos compartir el caballo de forma justa, turnándonos para bajarnos y arrear las vacas cuando era necesario.

Llegábamos con las vacas a los corrales un poco después de las seis de la mañana. En ese momento, yo corría de vuelta a la casa para desayunar. Azucena, siempre atenta, me tenía listo un jarro de aguadulce y una tortilla, a veces sola, otras con natilla o gallo pinto con huevos revueltos. Apenas terminaba, salía corriendo para no llegar tarde a la escuela. Mis implementos escolares eran muy básicos: solo consistían en un cuaderno y un lápiz.

A la salida de la escuela, alrededor de las once y media de la mañana, volvía rápidamente para ayudar a mi hermano Dimas con la limpieza de los corrales. Por la tarde, llevábamos de nuevo las vacas a los pastizales. Llegábamos a la casa ya de noche, y así, día tras día, el ciclo se repetía.

Mis hermanas mayores escribían a mamá de vez en cuando, y a mí me gustaba mucho que me dejara leer sus cartas, porque era una buena oportunidad para practicar mi lectura. En cada carta, mis hermanas contaban que estaban bien y le enviaban un poco de dinero a mamá, aunque no era suficiente para cubrir todas las deudas que aún teníamos en el pueblo. Sin embargo, saber que estaban bien era lo más importante para mamá, y la llenaba de alegría.

Mi hermano mayor venía a casa una vez al mes, siempre un sábado por la tarde. Al llegar, solía detenerse en el bar del pueblo antes de llegar a casa. Al verlo, se notaba cansado, con los ojos pesados y, a veces, un poco mareado. Se iba a dormir casi en cuanto llegaba y no comía nada hasta el desayuno del domingo. Ese día nos acompañaba a la misa y, al regresar, nos ayudaba un poco con los quehaceres pendientes antes de partir de nuevo hacia su trabajo por la tarde. Cada vez que venía, le entregaba a mamá algo de dinero, aunque siempre era una cantidad modesta.

Así continuaba nuestra vida: mamá siempre estaba ocupada, trabajando fuera y en casa, y nosotros cumplíamos con nuestras obligaciones diarias. Aunque ahora solo éramos seis hijos viviendo con ella, el dinero seguía siendo insuficiente para cubrir todas las necesidades, incluso con la ayuda de mis hermanos mayores.

En una de sus visitas, mi hermano le explicó a mamá que, aunque le daban un lugar para dormir, tenía que cubrir sus propios gastos de comida, por lo que no le quedaba mucho para traer a casa. Mis hermanas, en sus cartas, mencionaban que el sueldo que recibían era muy bajo y que, aunque sabían que su trabajo merecía mejor remuneración, eso era lo que sus patronas les decían al justificar el pago. Sin embargo, estaban decididas a buscar trabajos mejores y creían que pronto lo lograrían, lo cual nos llenaba de esperanza.

Un día, cuando estaba cerca de cumplir nueve años, las cartas de mis hermanas trajeron buenas noticias. No solo decían que estaban bien, sino que habían conseguido nuevos trabajos que les pagaban mucho mejor. Esa vez enviaron más dinero de lo habitual, y el siguiente mes fue igual. La alegría en casa era inmensa, y esta ayuda permitió que mamá saldara todas sus deudas. Era la primera vez que estaba al día con sus cuentas, y hasta alcanzó para comprarnos ropa nueva y zapatos a todos. La vi feliz como pocas veces antes.

En una de sus cartas, mis hermanas le contaron que estaban mucho mejor económicamente, que en la ciudad había muchas oportunidades y muchos trabajos bien pagados en fábricas de ropa y otras empresas. Habían alquilado una casa grande, donde todos podríamos vivir juntos si nos mudábamos. Esa idea horrorizó a mamá al principio. Ella no imaginaba vivir en un lugar que no fuera su querido pueblo. Rechazó la propuesta, aunque asimilaba un poco más la posibilidad cada vez que las cartas llegaban.

Con el tiempo, la oferta de trabajo en el pueblo fue escaseando. Rosario y Rosalía ya casi no le daban encargos, y los trabajos que conseguía en otras casas eran solo eventuales. Nosotros, sus hijos que aún vivíamos con ella, nos sentíamos divididos. Por un lado, nos causaba temor e inseguridad la idea de la ciudad, pero por otro, nos despertaba la curiosidad de conocer ese nuevo mundo del que mis hermanas hablaban.

Mamá lo seguía pensando, y aunque no lo decía, todos comprendimos que probablemente terminaría aceptando. Pero eso, claro, es otra historia.

Epílogo

La vida de Josefina y su familia es un testimonio de lucha, amor y superación. Con el tiempo, las decisiones que parecieron difíciles y dolorosas se revelaron como necesarias. El traslado a la ciudad de sus dos hijas mayores y la migración eventual de toda la familia en el futuro, parece un cambio abrumador, les ofrece nuevas oportunidades que podrían transformar su destino.

En la ciudad, las hijas encontraron trabajos estables, y un entorno donde sus sueños comenzaron a hacerse realidad. Josefina, aunque añora la tranquilidad de su pueblo, piensa que con esfuerzo talvez podría adaptarse a la vida en la ciudad, motivada por el bienestar de sus hijas. La unión familiar, que es su mayor fortaleza en el campo, podría seguir siendo el eje de sus vidas en esa nueva vida.

Los sacrificios y esfuerzos de cada miembro de la familia podrían dar frutos en la ciudad. Josefina piensa que vería a sus hijos crecer, prosperar y construir un futuro que en el campo seria inalcanzable. Aunque los desafíos nunca desaparecieran por completo, el amor y el trabajo en equipo les permitieran enfrentar los obstáculos que se presentarán en el camino.

Su historia es un ejemplo de que, con fe, esfuerzo y unión familiar, incluso las adversidades más grandes pueden ser superadas.